京 秀

京 玉

U0208768

牛 奶

1

京 秀

里扎马特

凤凰 51
（右第一人
为本书作者）

亚历山大

亚历山大

红意大利

3

玻璃温室

大型加温
玻璃温室

加温温室

4

小型加温
玻璃温室

塑料大棚

避雨棚

防雨棚

避雨栽培

枝蔓套膜

6

玻璃温室
供暖系统

插条成苗

插条萌芽

装好营养土
的塑料袋

插条催根后愈伤
组织生长情况

温室盆栽

8

大棚温室葡萄栽培技术

黎盛臣 编著

金盾出版社

内 容 提 要

大棚、温室栽培,是现代葡萄高效益种植的主要方式。本书介绍了作者长期从事葡萄栽培研究和生产实践的科技成果,是科学性、先进性和通俗性相结合的实用科普著作。内容包括:大棚、温室葡萄栽培的概况,适于大棚、温室栽培的葡萄品种,大棚、温室的设施,大棚、温室葡萄栽培的管理及病虫害防治等。适于广大果农和园艺科技人员阅读。

图书在版编目(CIP)数据

大棚温室葡萄栽培技术/黎盛臣编著·—北京:金盾出版社,1998.9(2018.1重印)

ISBN 978-7-5082-0761-2

Ⅰ.①大… Ⅱ.①黎… Ⅲ.①葡萄—温室栽培 Ⅳ.①S663.1

金盾出版社出版、总发行

北京市太平路5号(地铁万寿路站往南)

邮政编码:100036 电话:68214039 83219215

传真:68276683 网址:www.jdcbs.cn

彩色印刷:北京印刷一厂

黑白印刷:北京天宇星印刷厂

装订:北京天宇星印刷厂

各地新华书店经销

开本:787×1092 1/32 印张:3.25 彩页:8 字数:63千字

2018年1月第1版第16次印刷

印数:119 001~123 000册 定价:10.00元

前　言

在保护地蔬菜栽培取得巨大经济效益和社会效益的推动下，一些大城市郊区也逐渐兴起了大棚、温室葡萄栽培，并向人们展示了其美好的发展前景和诱人的经济效益。可以预见，大棚、温室葡萄栽培的发展，在提高我国葡萄生产的技术水平、实现优质葡萄的周年供应、加快农村致富步伐等方面，都将起到积极的作用。

葡萄的外形美观，酸甜适口，营养丰富，并有一定的保健和医疗功效，因此，它深受广大消费者的喜爱。最近，美国伊利诺大学约翰·佩朱托领导的研究小组发现70多种植物有抗癌作用，而葡萄的抗癌性最强。他们还发现，葡萄及葡萄制品中含有较多的白藜芦醇。这种物质可以防止健康细胞癌变，并能抑制已恶变细胞的扩散。为了防治癌症，提高全国人民的健康水平，进一步发展葡萄生产，特别是利用大棚、温室栽培葡萄，生产优质无污染葡萄，更是非常必要的。

实践表明，大棚、温室葡萄栽培是一个高投入、高产出，见效快、收益好的新兴产业，不少地区都在积极发展。为了推动这一新兴产业的健康发展，满足广大生产者对掌握有关技术的迫切要求，笔者以5年多的研究试验和实地考察的成果为基础，参考国内外有关资料，撰写了这本小册子，试图以深入浅出的方式，具体地介绍大棚、温室葡萄栽培的基础知识和实用技术。希望此书的出版，能为提高葡萄生产者的技术水平做点贡献。

书中介绍的材料，有的是笔者于1992～1996年在北京市丰台区中日设施园艺场的研究成果。在该场研究试验过程中，得到张来旺场长、张福山副场长和许多参加葡萄管理同志的支持和帮助，使试验得以顺利进行。本书在编写过程中还得到了中国科学院植物研究所北京植物园葡萄组杨美容研究员、张映祝副研究员以及多年从事葡萄栽培的大兴县谢保正，中国农业大学陈来铭、宋生印，河北元氏县黎民葡萄科技研究所刘占元等同行专家们的鼓励、支持并提供照片资料，北京植物园绘图室许梅娟同志为本书绘制了全部墨线图，在此一并致谢。

科学在不断发展，技术在不断完善。笔者的学术水平和实践经验有限，本书肯定会有不够完善之处，希望广大读者在实践中探索、改进，不断总结、提高，使我国的大棚、温室葡萄栽培技术逐步完善。

黎盛臣

一九九八年五月于北京

目　录

第一章 概　述

　　大棚、温室栽培是保护地栽培的主要形式。保护地栽培又称设施栽培或覆盖栽培。它以人工设置的保护设施为手段,控制自然条件,创造适于作物生长发育的生态环境,使作物在生育期间处于最佳的生态条件之中,以调节成熟期(提前或延后)、提高品质和增加产量,生产更多更好的产品,以满足市场需求,特别是淡季对优质农产品的需求。因此,大棚、温室果树栽培,特别是葡萄栽培,有着广阔的发展前景。

一、世界各国大棚、温室葡萄栽培的概况

　　葡萄的大棚、温室栽培始于 19 世纪末,先从荷兰、比利时、日本等国开始。据资料介绍,到 1940 年,荷兰已有种葡萄的玻璃温室 5 000 个,占地 860 公顷,主要分布在海牙郊区一带,到 20 世纪 80 年代,荷兰的玻璃温室面积发展到 10 000 公顷,大多用于种植葡萄和草莓。目前,荷兰的鲜食葡萄几乎都是用温室生产的,并能做到周年均衡供应鲜食葡萄。比利时在 1940 年有种葡萄的玻璃温室 3 500 个,占地 525 公顷,集中分布在布鲁塞尔南部,以后又有一些发展。意大利用于栽培葡萄的玻璃温室不多,但塑料温室和大棚发展很快,在 80 年代后期,全意大利有 9 000 公顷的塑料温室,其中就有 7 500 公顷用于栽培鲜食葡萄。西班牙的塑料温室发展极为迅速,到 80 年代末期,塑料温室的面积已达 38 000 多公顷,其中用于生产鲜食葡萄的比例也不少。此外,欧洲各国的大棚、温室设施

除用于葡萄生产外,也用于草莓、菠萝、无花果、桃、李、樱桃、苹果、梨、柿的栽培。

在亚洲,日本大概在1882年就开始用温室栽培葡萄了,其发展也很快。先是用玻璃温室栽培,后来主要改用塑料温室。据资料介绍,1982年,日本用于果树栽培的温室总面积为4 750公顷,其中用于栽培葡萄的面积只占24%,到80年代末期,用于果树栽培的温室面积增至6 147公顷,其中葡萄的栽培面积却增至80%。这一事实不但有力地说明了葡萄比其他果树更适于大棚、温室栽培,而且也表明大棚、温室葡萄栽培有更高的经济效益。日本的葡萄重点产区山梨县曾对该县大棚、温室葡萄栽培的效益作过分析,结果表明,大棚、温室葡萄栽培面积约占全县葡萄栽培总面积的25%,而其产量则占全县总产量的30%左右,产值占全县葡萄总产值的40%以上。这正是日本果农热衷于发展大棚、温室葡萄栽培的根本原因。

根据日本农林水产省1993年的统计,日本当时结果葡萄园总面积为2.34万公顷(折合35.1万亩),其中大棚、温室葡萄栽培面积约7 000公顷(折合10.5万亩),约占30%(1990年为23.9%),主要分布在福冈、山梨、岛根、秋田、冈山等县,大多分布在北纬36°以南地区。

从上述事实可以看出,世界大棚、温室葡萄栽培近二三十年来发展十分迅速,在管理水平上也大为提高,特别是一些大型的保护设施中,已实现了用计算机调控设施内的生态因素,进行机械化、自动化管理,逐步做到葡萄生产工厂化,在保证果品质量的前提下,基本实现了鲜食葡萄的周年供应。

二、我国大棚、温室葡萄栽培的概况

我国大棚、温室葡萄栽培起步较晚。黑龙江省齐齐哈尔园艺试验站于1979年在日光温室中栽培葡萄成功，是我国保护地葡萄栽培的一个先例。接着，该站又在塑料大棚内试种，再次取得良好结果。随后大庆在加温温室内种植葡萄也获得成功，使大家看到了发展保护地葡萄栽培的美好前景，因而促进了各地的保护地葡萄栽培的发展。进入80年代以后，辽宁、吉林、天津等地也先后开始发展大棚、温室葡萄栽培，并取得了很好的经济效益，积累了一些栽培管理经验，有力地促进了全国大棚、温室葡萄栽培的生产。近年来，大棚、温室葡萄栽培还在北京、河北（唐山、滦县、卢龙、怀来等）、山东（青岛）、宁夏（银川）发展，不少地区已出现成片栽培，南方地区的上海、浙江（金华）等地也试栽成功，使我国大棚、温室葡萄栽培开始步入规模发展阶段。

我国大棚、温室葡萄栽培是从庭院中发展起来的。现在黑龙江、吉林、辽宁三省使用大棚、温室已成为庭院葡萄栽培中的一种形式，并正逐步走出庭院，向大田集中成片地发展。在这种零星分散经营的条件下，要统计出目前全国大棚、温室葡萄栽培的面积是极其困难的。据估计，我国现有结果的大棚、温室葡萄栽培面积约在300公顷左右。当然，这个数字对我们这样一个大国来说，是太少了。不过，从各地发展的形势看，"九五"期间，我国大棚、温室葡萄栽培必将有一个长足的发展。主要根据如下。

（一）大棚、温室葡萄栽培是高效益的新兴产业

人们对大棚、温室葡萄栽培的优越性已有了较充分的认识，并经实践证明，它是一种高投入、高产出、见效快、收益高的新兴产业。其优点如下：

1. 大棚、温室栽培能扩大葡萄种植地域，保持果品均衡上市　大棚、温室能较大幅度地提高有效积温，延长葡萄的生长期，使一些在当地露地栽培不能完全成熟的品种，能在棚内成熟良好，从而扩大了优良品种的种植范围，并能根据生产者的意愿，使果实提早或延后成熟，延长市场葡萄鲜果的供应期，使果品上市的时间，避开露地葡萄上市旺季，夺取更好的经济效益。

2. 大棚、温室栽培能提高葡萄产量，获得优质果品　利用大棚、温室栽培能有效地控制葡萄生长发育所需的生态环境因素，以满足葡萄生育期间的最佳生育条件，充分发挥葡萄品种的优良性状，提高其产量和品质，获得穗粒形色美观及品质、口味均佳的高档葡萄商品果。

3. 大棚、温室栽培能使葡萄早丰产，提高经济效益　大棚、温室栽培的葡萄结果早，丰产稳产，一般栽后第二年结果，第三年以后便进入盛果期，若管理精细，产量可稳定在较高水平上。有些品种还可一年两熟，单产比露地的高，因而见效快，收益高。只要选用品种得当，管理水平上乘，每亩产值按现在价格计算可达 3 万～4 万元。

4. 大棚、温室栽培能减少葡萄病虫害，降低农药用量　大棚、温室栽培葡萄可以使葡萄的叶片和果实不直接接触雨水，从而可减少病害的发生。北京丰台区中日设施园艺场 5 年的实践证明，只要注意棚内地面清洁，温度控制合理，在北方

早熟葡萄生产中,葡萄生长结实期间可以实行不喷农药栽培,待果实全部采收后,再根据情况适当喷施农药。这样,既节省了农药投资,又能生产出无农药污染的绿色食品,并能保护好果面,不受泥土和尘埃污染。

5. 大棚、温室设施使用方便,材料来源广 用于葡萄保护地栽培的设施形式多种多样,可大可小,既可成片规模经营,也可利用庭院的零星空地搭棚种植;既可用钢管和砖结构建成高级日光温室,也可利用土坯、竹片(或竹竿)结构建成简易日光温室;还可利用一些较高的蔬菜温室,让葡萄充分利用其空间生长,达到蔬菜和葡萄双丰收,提高塑料棚的利用率,增加大棚的经济效益。同时,薄膜日光温室能有效地利用太阳能,一般冬季不需加温,不消耗能源。葡萄在日光温室内不需埋土防寒即能安全越冬,可节约埋土防寒、上架下架等管理用工;同时,大棚、温室栽培还能充分利用劳力,延长农业生产时间。

(二)大棚、温室葡萄栽培已有一定的技术知识和管理经验

各地 10 多年的实践已为我国大棚、温室葡萄栽培业的发展,积累了一些宝贵经验,奠定了一定的技术基础。具体如下:

1. 有了选择葡萄品种的经验 保护地葡萄栽培首先碰到的是品种的选用问题,它与栽培的成败关系极为密切。现在人们开始认识到:无论从市场的需求和价格上,还是从栽培角度上讲,选用欧亚种葡萄品种比欧美杂交种葡萄品种更有优越性。一来欧亚种葡萄在市场上更受欢迎,售价也高,有时比欧美杂交种葡萄售价高出 2～3 倍或更高。二来欧亚种葡萄比欧美杂交种葡萄更适于温室栽培,它们萌芽早,萌发整齐,结

实率高,着色整齐一致,糖分高,酸度低,风味好,易于生产出高档商品果;而欧美杂交种葡萄一般萌芽晚,萌发不整齐,结实率偏低,易出现小果粒,着色也慢,风味偏酸,较难获得好的商品果。此外,从果皮的颜色看,红色、紫红色和绿黄色的葡萄在市场上更受欢迎;在成熟期方面,则以极早熟和早熟的葡萄为好,以填补市场的空缺,而欧亚种葡萄品种中正有一些能满足这些方面的要求。

2. 掌握了大棚、温室葡萄栽培的综合技术 我们已初步掌握了大棚设施内调控生态因素的技术、大棚葡萄栽种技术、整形修剪技术及其他生产管理技术。

3. 有了建造和管理高效益大棚、温室设施的技术知识 我们已建造了一批各种类型的大棚、温室,使用效果较好,并通过试验,还在改进温室结构,提高棚内的光能利用率。目前,在大棚立体开发、打破葡萄休眠、避雨栽培以及利用设施延迟晚熟品种采收等方面都已取得了良好的成果。

第二章 适于大棚、温室栽培的葡萄品种

大棚、温室葡萄栽培建造设施一次性投资大,日常生产费用也较露地高,因此,一定要采取高投入、高产出的措施,才能获得较好的经济效益。选用栽培品种正确与否,直接影响到效益的高低。从目前各地大棚、温室葡萄栽培中所选用的品种来看,大多是着色不良的中晚熟品种巨峰、品质欠佳和风味偏酸的康太等欧美杂交种品种,而很少选用品质优良的欧亚种早熟品种。这就在品种上失去优势,给大棚、温室葡萄栽培的经

济效益带来不良影响,达不到应有的高效益。

一、选择大棚、温室栽培葡萄品种的原则

根据我们从 1992 年开始的不同葡萄品种的大棚、温室栽培比较试验及调查各地大棚、温室葡萄栽培中的品种表现的结果看,大棚、温室葡萄栽培选用品种时应紧紧抓住早熟、优质这两个关键环节。

(一)选用早熟品种

早熟品种的生长期短,一般从萌芽到果实成熟只需 120 天左右。在不加温的日光温室中,管理好的 5 月下旬即可上市,一般在 6 月中旬前后采收,比露地栽培的同一品种提早近 2 个月。即使在保温性能差的塑料大棚里栽培,也要比露地的提早采收 1 个月左右,这就为获取高效益奠定了良好的基础。

(二)选用欧亚种品种

一般认为,欧亚种品种的抗病能力较欧美杂交种品种差,这是一个事实。因而,有人推想,在温室和塑料大棚内的高温、高湿环境里栽培欧亚种品种,病害一定难以控制而不敢选用。实践证明,这是一个错误的判断。在北方的日光温室条件下,只要合理地控制负载量,做到架面通风透光,控制好棚内的温度、湿度,并保持棚内地面清洁,在葡萄生长结实过程中,即使不很抗病的欧亚品种,也可在不喷农药的条件下,生产出符合绿色食品标准的葡萄果实来。我们试验棚内的众多欧亚种品种,5 年来的栽培管理中在上半年从未喷过防病农药,而年年都能生产出优质葡萄,没有出现病害。即使在塑料大棚中,也

只在掀去塑料薄膜后喷过1～2次保护性农药。

欧亚种葡萄突出的特点是品质极佳,不但穗形美观,色泽鲜艳,肉质硬脆,酸甜适口,深受人们喜爱;而且管理方便,易于稳产,适合于日光温室栽培。从市场价格看,在6～7月份,高品质的欧亚种葡萄要比欧美杂交种葡萄高出3～5倍或更高。即使粒稍小的无核葡萄,市场也同样欢迎。

据资料介绍,亚洲保护地葡萄栽培最多的日本,近年来正在不断扩大欧亚种葡萄品种的比重,除原有的亚历山大、新玫瑰、大可尔满外,又大量增加甲斐路系列品种(包括新育成的甲斐路1,2,3,4号及早生甲斐路等)、意大利、红意大利、赤岭等,减少了原先应用的玫瑰露、蓓蕾玫瑰、大粒康拜尔早生等欧美杂交种的比重。这也说明了日本保护地葡萄栽培中,葡萄品种选择的发展趋势,可供我们借鉴。欧洲各国的保护地葡萄栽培中,几乎全部是欧亚种中的优良鲜食葡萄品种。

应该说明,大棚、温室葡萄栽培强调发展早熟品种,主要是针对我国目前早熟葡萄奇缺,特别是每年的5～7月份,冷藏的葡萄已售完,当年生产的葡萄尚未成熟,市场对葡萄的需求无法满足,以致不得不依靠高价进口智利、阿根廷的葡萄来供应市场,使国家外汇大量流失;同时,也考虑到我国目前现有的保护设施还很简陋,多无良好的加温和通气设备,而且保护地的栽培管理技术水平也不高,尚难完全根据市场需要,全面安排葡萄的工厂化生产的情况。但这并不是说,保护地葡萄生产只能发展早熟品种,而不能发展中晚熟品种。

从世界一些国家的保护地葡萄栽培来看,他们除应用早熟品种外,还大量应用欧亚种中的中晚熟品种,并能在他们先进的保护设施中,根据需要,控制果实成熟期。例如,日本就成功地应用晚熟品种亚历山大(又名白玫瑰香)进行保护地栽培,使之在 4 月份生产出高级商品果,获得高达 10 000 日元1 千克的售价。欧洲一些国家在保护地栽培中,也普遍采用世界著名鲜食葡萄品种保尔加尔和意大利,它们也都是晚熟品种。

还应该说明,强调发展欧亚种的优良品种,主要是这类品种的含酸量较低,肉脆味甜,品质优良,再加上它们大多色泽鲜艳(鲜红、紫红、黄、绿黄等色),深受消费者欢迎,而且售价也高,易于获得高效益。不过,这也不等于说,大棚、温室葡萄栽培中就不能发展欧美杂交种品种。

从目前日本保护地葡萄生产情况看,虽然它正在逐步增加发展欧亚种优良品种的比重,但是其欧美杂交种品种如四倍体低拉注、巨峰系品种等仍然是占着主要面积,在它们较好的设施条件下,通过较精细的栽培管理,也能生产出受市场欢迎的商品果,获得较高的经济效益。

为适应我国大棚、温室设施条件,增加市场花色品种,适量发展一些欧美杂交种品种,也是无可非议的,但一定要注意选用优良品种。

二、适于大棚、温室栽培的早熟葡萄品种

(一)京 秀

欧亚种。是以潘诺尼亚为母本,60-33(北京植物园的无核杂种优良单株,其亲本是玫瑰香×红无子露)为父本杂交育成。1994 年通过鉴定。它是中国科学院植物研究所北京植物园经重复杂交育成的优秀葡萄新品种。

京秀是我国目前大棚、温室葡萄栽培最理想的极早熟品

种。在日光温室中栽培,2月中旬萌芽,4月中旬开花,5月下旬开始着色,6月中旬果实充分成熟,从萌芽到果实充分成熟的生长日数为122天。在塑料大棚中栽培,7月上旬便可采收。而在北京地区露地栽培的京秀,4月上中旬萌芽,5月下旬开花,7月初开始着色,7月底8月初果实充分成熟,生长日数106～112天。日光温室中比露地早熟近50天,大棚比露地早熟25天左右。

京秀果穗大而紧凑,一般穗重500～750克,圆锥形,果粒着生紧密而均匀。果粒重6～7克,最大粒重11克,椭圆形,玫瑰红或鲜紫红色,外形极美观,果皮中等厚,果肉厚而脆,味甜,酸低,具东方品种风味,可溶性固形物含量16.8%(露地的为14%～17.6%),含酸量0.71%(露地的仅0.37%～0.47%)。品质极优。

生长势中等。在日光温室中栽培,芽眼萌发率高(72.5%)而整齐。结果枝占芽眼总数的44.6%(露地的37.5%),每个结果枝上的平均果穗数为1.17个(露地的1.21个),较丰产。抗病力中等,露地栽培应注意防炭疽病和霜霉病。

京秀穗粒整齐,形色秀丽,肉质硬脆,可刀切成薄片,鲜食风味佳,又因其着色早而快,含酸量较低,可适当早采。如不及时采收,可在树上挂到8月底,甚至9月中旬亦不皱缩,不裂果,不落粒,且果肉仍然很脆,品质更佳。它的耐贮运性能也好,即使穗轴、果柄快干了也不掉粒,可大面积规模生产,远销外地。它的商品价值高,生产潜力大,是目前理想的极早熟品种。

京秀大棚、温室栽培管理较方便。通过不同整枝形式的试验比较,无论采用棚架的独龙干整枝,还是篱架的小扇形整枝,或单臂水平整枝,都能表现出较稳定的丰产性能,可根据大棚的大小、高低情况,随意选用。冬剪时,除延长枝留作扩大架面而采用长梢修剪外,其余健壮枝条均可留 2～3 芽短剪作结果母枝,最好每平方米的架面内留 6～8 个结果母枝,将来选留 10 个左右的粗壮的结果枝,每个结果枝留 1 个果穗,每亩大棚、温室留 1 500～2 000 个结果枝,亩产优质果控制在 1 000 千克左右。

京秀的花序大而长,应注意花序整形,除掐去副穗和 1/5～1/4 的穗尖外,还要注意将花序整成圆锥形,以使将来结成的果穗比较美观。京秀的果粒整齐,一般可以不疏粒。果实采收后,应注意防霜霉病,以保护叶片完整。

(二)京可晶

欧亚种。是以法国兰为母本,红无子露为父本杂交育成。1984 年通过鉴定。它是中国科学院植物研究所北京植物园杂交育成的极早熟无核新品种。

京可晶是目前大棚、温室葡萄栽培的理想极早熟无核品种。在日光温室中栽培,2 月中旬萌芽,4 月中旬开花,5 月下旬开始着色,6 月上中旬果实充分成熟,从萌芽到果实充分成熟的生长日数为 125 天,如前期适当提前升温,或经赤霉素处理,可提早到 5 月下旬成熟。而在北京地区露地栽培的京可晶,4 月中旬萌芽,5 月底开花,6 月底 7 月初开始着色,7 月 25 日左右果实充分成熟,生长日数 92～103 天。温室栽培比露地的提早成熟 40～50 天。

京可晶果穗大而紧凑,一般穗重 400～500 克,圆锥形,有副穗,果粒着生紧密而均匀。果粒重 2～3 克,卵圆或椭圆形,红紫色,外形美观,肉质较脆,汁中等,无核,酸甜可口,充分成熟后有玫瑰香味,可溶性固形物含量 18.4%(露地的

15.2%～19.0%），含酸量 0.88%（露地的 0.58%～0.72%）。品质优良。

生长势较强或中等。在日光温室中栽培，芽眼萌发率高（79.2%）而整齐，结果枝占芽眼总数的 62.7%（露地的 54.3%），每个结果枝的平均果穗数为 1.2 个（露地的为 1.29 个），能连年丰产。抗病力中等，大棚栽培未发现病害，露地栽培要注意后期的霜霉病。

京可晶大棚、温室栽培能连年丰产稳产，管理也较方便。它适于各种形式的整枝和短梢修剪，为充分利用其极早熟的优良性状，负载量最好控制在亩产 1 000 千克以内，以便提早上市，争取最高售价。为了增大果粒，可在盛花末期，用 50～100ppm 的赤霉素溶液处理 1～2 次，使果粒增大到 3～4 克，并能提高糖度，促进早采 10 天。

（三）京早晶

欧亚种。是以葡萄园皇后为母本，无核白为父本杂交育成。1984 年通过鉴定。它是中国科学院植物研究所北京植物园杂交育成的早熟大粒无核葡萄新品种。

京早晶也是目前大棚、温室葡萄栽培的理想早熟无核品种。在日光温室中栽培，2 月中旬萌芽，4 月中旬开花，5 月下旬着色，6 月中旬果实充分成熟，从萌芽到果实充分成熟的生长日数为 128 天。如经赤霉素处理，可提前到 6 月上旬采收。而在北京地区露地栽培的京早晶，4 月中旬萌芽，5 月下旬开花，6 月下旬开始着色，7 月下旬果实充分成熟，生长日数为 91～111 天。温室栽培比露地的提早成熟 40～50 天。

京早晶果穗大而紧凑，一般穗重 500～700 克，圆锥形，少数有副穗，果粒着生中等紧密。果粒重 2.5～3.0 克，卵圆或椭圆形，绿黄色，晶莹夺目，甚为美观。皮薄肉脆，汁多，无核，酸甜适口，风味极佳，充分成熟后略有玫瑰香味，可溶性固形物含量 19％（露地的 16.4％～20.3％），含酸量 0.68％（露地的 0.47％～0.62％）。品质极优。

生长势强。在日光温室中栽培，芽眼萌发率高（72.0％）而整齐。结果枝占芽眼总数的 27.1％（露地的 29.2％），每个结果枝上的平均果穗数为 1.02 个（露地的 1.09 个），产量中等。抗病力中等，大棚栽培未发现病害。但其果刷较短，宜适时采收。

京早晶大棚、温室栽培宜采用棚架龙干整形、篱架单臂水平整形，结果母枝留 2～3 芽短剪。为增大果粒，可在盛花末期，用 50～100ppm 赤霉素液处理 1～2 次，使果粒增大到 4～5 克，并促进早熟，提高果品品质。

（四）京　玉

欧亚种。是以意大利为母本，葡萄园皇后为父本杂交育成。1992 年通过鉴定。它是中国科学院植物研究所北京植物园杂交育成的早熟大粒鲜食葡萄新品种。

京玉是我国目前大棚、温室栽培的理想早熟大粒葡萄品种。在日光温室中栽培，2 月下旬萌芽，4 月中旬或下旬开花，6 月初着色，6 月底果实充分成熟，从萌芽到果实充分成熟的生长日数为 123 天。而在北京地区露地栽培的京玉，4 月中下旬萌芽，5 月底或 6 月初开花，7 月上旬着色，8 月上旬果实充分成熟，生长日数为 97～115 天。温室栽培比露地的早熟 40 天左右。

京玉果穗大而紧凑，一般穗重 500～750 克，圆锥形带副穗或双歧肩圆锥形，果粒着生中等紧密。果粒重 7 克左右，均匀,椭圆形,绿黄色,果皮中等厚,肉厚而脆,汁多,味浓,酸甜,风味佳,种子小,1～2粒,可溶性固形物含量14.8%(露地的13%～16%),含酸量0.66%(露地的0.48%～0.55%)。品质优良。

生长势较强或中等。在日光温室中栽培,芽眼萌发率较高(68.9%),萌发整齐。结果枝占芽眼总数的22.7%(露地的30.7%),每个结果枝上的平均果穗数为1.12个(露地的1.18个),副梢结实力强,可结2次果,产量中等或较丰产。抗病力中等,较抗霜霉病,大棚栽培未发现病害,而露地栽培成熟期正值雨季,应注意防治炭疽病。

京玉大棚、温室栽培可采用各种整枝形式,但为了抑制枝条过旺生长,提高结实率,枝蔓以倾斜或水平捆绑为好,而不要过于直立。结果母枝可留2～3芽短剪。京玉的花序小而坐果率高,一般不用整修花序,也不要疏果,因而,管理较为方便。

京玉果穗外形壮观,穗粒整齐,晶莹似玉,肉质硬脆,刀切不流水,肉质细,风味和外形与我国的著名品种牛奶很相似,故有人称之为"早牛奶"。在日光温室中栽培要比露地栽培的牛奶早熟80天左右。在1989年北京市果树学会主持召开的大粒优良葡萄品种鉴评会上荣获总分第一,是很有发展前途的早熟葡萄新品种。

(五)凤凰51

欧亚种。杂交亲本不详(有资料介绍:它是以亚历山大为母本,以绯红为父本杂交育成,也有说是混合花粉授粉的后代)。1988年通过鉴定。是大连市农业科学研究所杂交育成的早熟大粒鲜食葡萄新品种。

凤凰 51 也是我国目前大棚、温室葡萄栽培较理想的早熟品种。在日光温室中栽培,2 月中旬萌芽,4 月中旬开花,5 月下旬着色,6 月中旬果实完全成熟,从萌芽到果实充分成熟的生长日数为 123 天。而在北京地区露地栽培的凤凰 51,4 月中旬萌芽,5 月下旬开花,7 月初着色,8 月上旬果实完全成熟,生长日数为 110 天左右。温室栽培比露地早熟 40～45 天。

凤凰 51 的果穗大而紧凑,一般穗重 500 克左右,圆锥形,果粒着生紧密。果粒重 6～7 克,尚均匀,近圆形或扁圆形,有沟纹,红紫色,外形美观,果皮较薄,肉质较脆,汁多,酸甜,有玫瑰香味,可溶性固形物含量 17.2%(露地的 15.5%～17.8%),含酸量 0.93%(露地的 0.55%～0.60%)。品质上等。

生长势中等。在日光温室中栽培,芽眼萌发率高(72.8%),萌发整齐。结果枝占芽眼总数的 61.7%(露地 58.8%),每个结果枝上的平均果穗数为 1.8 个(露地的 1.78 个),产量较高,可连年稳产。抗病力中等,在棚内未发现病害,而露地栽培要注意防白腐病。

凤凰 51 大棚、温室栽培采用各种形式的整枝,都能表现出较高的结实性,并适于以短梢修剪。它的结果枝多分杈生长,即一个结果枝多分为两个结果枝,不少果枝由于分杈而着生 3～4 个花序,最多的达到 5 个。为使其养分集中,培养好每个果枝的 1～2 个果穗,,必须在花前尽早将分杈的果枝剪去,即每个果枝只留 1 个梢尖延长,同时,每个结果枝最好选留 1 个健壮的花序结果(顶端的壮枝可留两个花序),多余的花序也要尽早剪掉,不要舍不得。另外,凤凰 51 的果穗易出现上部果粒大,穗尖部分果粒小,造成果粒不匀。为了生产高档商品果,在花前要注意整修花序,即将穗尖的过密花朵疏去一些,并使之呈圆锥状,果坐住后,再将过密的小粒疏掉一些,使果穗上下的果粒大小尽量保持一致。以上是在大棚、温室种好凤凰51的关键措施,一定要及时做好。

凤凰51果穗外形美观,特别是其果粒形状不同于一般,它酷似大磨盘柿,奇特可爱,风味品质也不错,且能年年稳产,用它在大棚、温室促成栽培,具有较大的生产潜力。

(六) 乍 娜

欧亚种。1975年从阿尔巴尼亚引入。由于它存在遇雨易裂果的缺点,尚未形成露地大面积栽培。但它在大棚、温室栽培表现不错,有较好的发展前景。

乍娜是我国目前大棚、温室栽培的主要优良早熟品种之一。在日光温室中栽培,其物候期与凤凰51相近,6月中旬果实充分成熟,在北京地区露地栽培8月上旬果实充分成熟。温室栽培比露地早熟40~50天。

它果穗大,一般穗重500~850克,圆锥形,果粒着生较紧密。果粒近圆形或椭圆形,粒重8.0~9.5克,红紫色,果皮中等厚,肉质细而脆,味清甜,微有玫瑰香味,可溶性固形物含量16.8%,含酸量0.45%。品质上等。

生长势较强。在日光温室中栽培,芽眼萌发率高(78.8%),萌发整齐。结果枝占芽眼总数的52.5%,每个结果枝上的平均果穗数为1.69个,产量较高。抗病力中等或较强,但在露地栽培易感染黑痘病、霜霉病,以及由于裂果引起的白腐病。

乍娜大棚、温室栽培可采用各种形式的整枝,也适于短梢修剪。在棚内栽培的乍娜,避免了雨水的直接浇淋,可大大减轻裂果的程度,或完全不裂果,但是在栽培中还要注意,从果实开始着色时起,就要停止灌水,避免人为地造成裂果。如发现有少数裂果,应及时将其剪掉,以免因裂果而引起病害。另外,卡娜的花序多而大,为了生产高档商品果,一定要坚持每个健壮的结果枝留1个果穗(弱枝不留果穗)的原则,并在花前对花序进行修整,结果后进行疏粒,使保留的果粒均匀整齐。如负载量过大,易引起落花落果,形成果穗松散,果粒大小不齐,而降低商品价值,应特别注意。

(七) 早玛瑙

欧亚种。是北京市农林科学院林业果树研究所于1973年以玫瑰香为母本,京早晶为父本杂交育成的早熟鲜食葡萄新品种。80年代末通过鉴定。

早玛瑙从萌芽到果实充分成熟的生长日数平均为113天,在北京地区露地栽培8月上旬果实充分成熟,在日光温室中栽培在6月份可下果,也是大棚、温室栽培的较好品种。

它果穗较大,一般穗重400~500克,圆锥形,果粒着生中等紧密。果粒长椭圆形,粒重4~5克,紫红色,果皮薄,果汁中等,果肉较厚而脆,味甜,可溶性固形物含量15.4%~16.3%,含酸量0.52%。品质上等。

生长势中等。芽眼萌发率高,结果枝占芽眼总数的45.4%~52.4%,每个结果枝上的平均果穗数为1.5~1.7个,产量较高。抗病力中等。露地栽培遇多雨年份稍有裂果。

早玛瑙在大棚、温室内可按一般早熟品种栽培。为增大果粒,应注意修穗和疏果。

(八) 早 玫 瑰

欧亚种。是西北农业大学园艺系1963年以玫瑰香为母本,莎巴珍珠为父本杂交育成的极早熟鲜食葡萄品种。

早玫瑰从萌芽到果实充分成熟的生长日数为 100～105 天,在日光温室中栽培 6 月上旬即可成熟,是抢早市的优良品种。

早玫瑰果穗中等大,一般穗重 250 克,最大穗重 365 克,圆锥形,果粒着生紧密。果粒近圆形,重 3.2～4.0 克,紫红色,果皮中等厚,肉厚多汁,味酸甜,有浓郁的玫瑰香味,可溶性固形物含量 14%～16%,含酸量 0.7～0.9%。品质上等。

生长势弱。果枝率高达 70%～80%,每个结果枝上的平均果穗数为 1.3～1.5 个。产量中等。抗病力中等。

早玫瑰大棚、温室栽培宜采用小冠密植,短梢修剪。

早玫瑰虽果粒偏小,但其外形美观,味酸甜,具浓郁的玫瑰香味,品质优良,又极早熟,果品有很强的市场竞争力,适于大棚、温室栽培。

(九) 京 亚

欧美杂交种。是中国科学院植物研究所北京植物园从黑奥林的实生后代中最新选出来的四倍体品种。1992 年通过鉴定。它是目前巨峰群大粒品种中最早熟的新品种。

京亚是适于保护地栽培的早熟鲜食葡萄品种。在日光温室中栽培,2 月下旬萌芽,4 月中旬开花,5 月下旬着色,6 月下旬果实充分成熟,从萌芽到果实充分成熟的生长日数为 123 天。而在北京地区露地栽培的京亚,4 月上旬萌芽,5 月中下旬开花,6 月底或 7 月初开始着色,8 月上中旬果实充分成熟,生长日数为 114～128 天。日光温室栽培比露地早熟 40～45 天。在大棚栽培,京亚在 7 月上中旬成熟,比露地早熟 30 天左右。

京亚果穗大,一般穗重 400～500 克,圆锥形或圆柱形,少数有副穗,果粒着生紧密或较紧密。果粒椭圆形,整齐,粒重10～12克,紫黑色或蓝黑色,外形较美观,肉质中等或较软,汁多,味酸甜,微有草莓香味,可溶性固形物含量13.5%～19.0%,含酸量0.65%～0.9%。品质中上等。

生长势较强或中等。在日光温室中栽培,芽眼萌发率高(72.7%)而整齐。结果枝占芽眼总数的63.3%(露地的55.2%),每个结果枝上的平均果穗数为1.67个(露地的1.55个),花序小,坐果率高,副梢结实力较强,比较丰产。抗病力强,不裂果,不落粒,耐运输。

京亚大棚、温室栽培能连年丰产稳产。它适于各种形式的整枝和短梢修剪,且副梢生长不旺,夏季管理省工,易于栽培。京亚是散射光即能着色良好的品种,在塑料棚里也能上色快,上色整齐。若结合赤霉素或消籽灵处理,可生产出早熟大粒无核葡萄,不但能获得100%的无核果,而且果粒不变小,并能提高其品质(果肉可变脆些,含糖量能增高1%～3%),促其更早熟(比不处理的早熟10天),可获得更大的经济效益。1992年,在沈阳地区日光温室栽培京亚,经赤霉素无核化处理所生产的大粒无核果,于6月17日就采收上市。

(十) 京 优

欧美杂交种。为京亚的姊妹系,是中国科学院植物研究所北京植物园在同一批黑奥林实生苗中选出的新品种。1994年通过鉴定。它是目前巨峰群大粒品种中品质最好的早熟品种之一。

京优也适于保护地促成栽培。在日光温室中栽培,2月下旬萌芽,4月中旬开花,5月下旬或6月初着色,6月下旬果实充分成熟。从萌芽到果实充分成熟的生长日数为128天。而在北京地区露地栽培的京优，4月中旬萌芽，5月下旬开花，7月初开始着色，8月中旬果实充分成熟，生长日数为112～126天。日光温室栽培比露地早熟45天左右。在大棚栽培，京优在7月中旬果实成熟，比露地早熟20～30天。

京优果穗大，较紧凑，一般穗重500克左右，圆锥形，果粒着生中等紧密。果粒较均匀，粒重10～11克，近圆或椭圆形，紫红色，着色欠整齐，果皮厚，肉厚而脆，味甜，酸低，微有草莓香味，风味近似欧亚品种，可溶性固形物含量16.8%（露地的14%～19%），含酸量0.73%（露地的0.55%）。品质上等。

生长势较强。在日光温室中栽培，芽眼萌发率高（74.9%），萌发整齐。结果枝占芽眼总数的56.6%（露地的57.8%），每个结果枝上的平均果穗数为1.47个（露地的1.15个），其副梢的二次结实能力强，可一年两熟。二次果穗粒均大而整齐，上色好，品质佳，可在国庆节和中秋节上市。丰产，抗病能力较强。开花时遇天气不良有大小粒现象，是其缺点。疏果后，则穗粒整齐美观，肉质硬脆。京优果实上色早，含酸低，可适当早采上市。其果实着生牢固，不易脱粒，耐运性能好。

京优大棚、温室栽培能连年丰产稳产。它适于各种形式的整枝和短梢修剪。为提高果品质量，应控制一次果的负载量，严格执行一个结果枝留一个果穗的原则，并注意及时整修花序和疏去小果粒，使穗粒整齐美观。它的副梢二次果极多，也要适当选优留用，最好每个果枝也选留1穗，切忌留得过多，影响树势和产品质量。为防止授粉不良，出现小果粒，如在主梢果开花时遇天气不良，可在盛花期用人工辅助授粉（用毛笔或软毛皮轻轻地刷一下花序）的方法，帮助传粉。

适于大棚、温室栽培的欧亚种中，除上述介绍的一批早熟优良鲜食品种外，还有一些中晚熟品种可供采用。它们是里扎马特、甲斐露、保尔加尔、意大利、红意大利、晚红、秋红、亚历山大、红亚历山大等。不过，中晚熟品种的生长期长，管理技术水平要求高，要使它们在我国现有的设施、设备条件下，生产出优质的商品果，还要很好地加以试验研究，以便总结出一套有效的措施来，在生产中推广应用。

在我们试验的欧美杂交种品种中，还有紫玉（即早生高墨）、藤稔等品种。紫玉在日光温室中栽培，成熟期与京优相近，但连续两年表现结果差，大小粒现象极为严重，生产不出高档商品果，不适于大棚、温室栽培。藤稔的表现还可以，但其成熟较晚，作为早熟促成栽培不很理想。同时，我们在调查中发现，目前我国保护地葡萄栽培中种植较多的品种是康太和巨峰。康太在保护地栽培中，具有穗大、粒大、着色好、早熟、丰产、二次果多、抗病力强、容易管理、耐运输等优势，曾一度在沈阳占领夏季水果淡季市场，但随着人民生活水平的提高，对果品质量提出更高的要求，而康太因其品质低劣，市场的竞争力差，无法满足市场的需求，而不得不被淘汰。巨峰在保护地栽培，主要因光照得不到满足，着色较差，特别是在产量较高的情况下，迟迟不上色，达不到促成栽培提早上市的目的，而且难以生产出高档商品果，因而，也不是保护地葡萄栽培的理想品种。

至于还有些什么好的欧美杂交种品种适于保护地栽培，尚须我们今后通过试栽，来进一步发掘。

第三章　大棚、温室的设施
及其生态因素

一、大棚、温室设施的种类

大棚、温室设施的建造形式多种多样,规格大小千差万别,用材种类各不相同,即使是同一种设施,由于栽培的作物种类不同,使用的目的不同,也应有所区别。现将当前适用于葡萄栽培的几种保护设施介绍如下。

(一)玻璃温室

这是创造人工小气候条件最优越的保护设施。由钢架和玻璃(或玻璃钢)建造而成,有良好的采光、增温和保温性能,也有降温、灌溉和控湿等设备条件,经久耐用,可长年生产。但其造价高,生产管理费用也高。我们目前限于财力,大型玻璃温室在葡萄生产中暂时难以采用,而小型玻璃温室在北方广大地区的应用和发展,还是具有广阔前景的。

1. 大型玻璃温室　结构高大,每栋占地面积 1~3 公顷,实行机械化作业。温室内各类设备完善,所要求的生态条件由计算机调控,并有专用锅炉供暖,是目前最先进的温室(图3-1)。在荷兰、法国、德国、英国及其他一些发达国家已大量采用,还有成套定型的产品供应。主要用于蔬菜、花卉、果树、葡萄等作物的生产。我国已有少量单位引进这种设施,正试用于花卉生产,但用于葡萄生产的还没有。

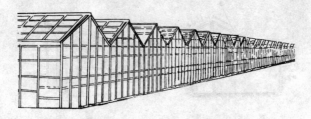

图3-1　大型玻璃温室外貌

2. 加温玻璃温室　在我国北方的一些科研教学单位有建造的,主要用于葡萄栽培的科学试验,用于葡萄生产的还很少。但在我国北方的寒冷地区,将来有可能成为一种保护地的利用形式。

这种温室一般选择避风向阳的地段,坐北朝南建造,为利于保温和减少投资,温室内地面可低于地表 0.8～1.0 米。除北墙用砖或石块外,其他部分均用钢材和玻璃建成,但在近山区木材方便的地方,也可用木料和玻璃建造。温室一般南北宽 7.5～8.0 米,北墙高 2.7～2.8 米,中间立柱高度 3.0～3.2 米,温室前缘的垂直高度最好有 1.5 米,至于长度可根据情况而定,但不宜过长,一般以 50～100 米为好,以免影响保温效果。在北墙上部每隔 3～6 米设一宽 1 米,高 0.6 米的通风窗,温室前缘隔一定距离也要设通风窗,以便开窗换气。温室内部应装有供暖系统和供水系统,为降低生产成本,热量来源尽可能利用地热、工厂和发电厂的锅炉回水,或利用自备的锅炉供暖。为防止最冷季节热量散失,夜间也可利用蒲席保温(图3-2)。

(二)薄膜日光温室

这是目前蔬菜保护地栽培广泛采用的一种保护设施,也

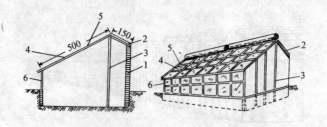

图3-2 加温玻璃温室 （单位：厘米）

（按《葡萄生产技术大全》图16-1绘制）

1. 北墙 2. 后屋面 3. 立柱 4. 玻璃屋面

5. 加固横梁 6. 前立窗

是保护地葡萄栽培常用的一种设施，它的采光条件好，保温性能好，抗风雪能力强，经久耐用，且可因地制宜，自己备料建造，规模可大可小，单位面积造价低，管理费用也少，是当前比较理想的一种保护设施。

建造时，应选背风向阳、东西南三面没有高大遮荫物、地势平坦、排灌方便的地段，如北面有山坡、台地或防风林，最好使温室的北墙与之相连或靠近，以利用其护墙保温，效果更好。若建造薄膜日光温室群时，则前后温室之间的间距应有5～6米，以防彼此遮荫。

薄膜日光温室南北宽7～8米，东西长根据地块而定，可长可短，但一般以50～80米为宜。北东西三面用砖（或石块）砌成墙壁，北墙高2.0～2.2米，厚50厘米，寒冷地区可根据保温需要适当加厚，或砌成空心墙，在北墙上距地面高1.2～1.5米处，每隔3米设1个50厘米×50厘米或50厘米×60厘米的通风窗，东西墙与北墙连接处各设一门，并建一作业室。东西两侧的墙高与钢架的拱形高矮一致，墙厚一般50厘米。北墙内侧设走道，宽约1米，走道南沿每隔3米设1根中柱,中柱高 2.5～2.8 米,走道上方用预制板作顶。其上部每隔 50～80 厘米(最好是 50 厘米,以增加棚顶的抗压强度)设 1 根 2 厘米的镀锌管(或双拱形花钢筋架,也可用竹片架),并用 2～3 道镀锌管连接固定,使之形成薄膜覆盖的棚顶,高 2.5～2.8 米,拐弯处高 1.3～1.5 米的半拱形日光温室(图3-3)。

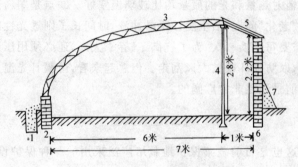

图3-3 薄膜日光温室结构示意图

1. 防寒沟 2. 前墙 3. 双拱形花钢筋架
4. 中柱 5. 后屋面 6. 北墙 7. 防寒土

为了提高大棚的保温效果,促进棚内地温较早提高,在建造时,应在保护设施外围的东南西三面,挖宽 30～40 厘米,深 50～60 厘米的防寒沟,内填满锯末、树叶、干草、马粪等有机物,上面盖土压实。北墙外侧培土防寒,以减轻棚外土壤冻层对棚内的影响。在低温期夜间要在薄膜上加盖蒲席或草帘保温,所以,这种日光温室的保温性能优于塑料大棚,在其内栽培的葡萄,生育期可达 270 天。

薄膜日光温室也可利用工厂余热或地热加温,进行长年生产。如无这些便利条件可以利用,为了实现提早升温,促进葡萄提前萌发,果实更早成熟上市,夺取更高效益,可在温室建造时,在近北墙根处,每隔12米长建一用缸管或瓦管砌成的管子火炕加温。在管子接口处,一定要用石灰或水泥抹严,使烟尘和有害气体随管道烟囱排出棚外,不使其污染棚内空气,影响葡萄呼吸的正常进行。

薄膜日光温室的造价比玻璃温室便宜,且透紫外光的性能较好,再加上它有一个跨度较大的拱形采光面,因而接受太阳的辐射热量和光的质量均比玻璃温室好。缺点是塑料薄膜存在"老化"问题,沾上尘沙不易冲洗,时间长了则透光性能减退,需要每年换一次。为了抗御冬、春季大风,还必须用压膜线加固,以防损坏或被大风刮走。但总起来看,薄膜日光温室的发展前景还是非常广阔的。

(三)塑料大棚

这也是目前蔬菜保护地栽培广泛采用的一种保护设施,用于保护地葡萄栽培也很适合。国内已有多种定型产品。它们大多用薄壁镀锌钢管作骨架组装覆膜而成。这类大棚四周无墙体,棚内无立柱,故又称之为无柱钢架塑料大棚(图3-4)。

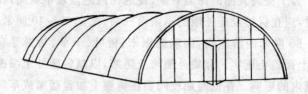

图3-4　塑料大棚示意图

这类大棚规格很多,而适于葡萄栽培的以宽8～10米、长50～60米、中高2.5～3.0米的为好。建造时,也应选避风向阳、地势平坦、土壤肥沃、有排灌条件的地块,设置方向以南北长、东西宽为好,这有利于一天到晚都能照到太阳,且日照均匀,抗风力强。

塑料大棚的优点是:建造容易,移动方便,自身遮荫少,透光性能好,增温快,便于操作,有利于机械作业,且坚固耐用,可用 15～20 年以上。其缺点是:无保温设施,散热较快,冬寒期间,保温不易,同时,棚面易积灰尘,影响透光性能,薄膜需一年一换。

塑料大棚在无加温设备的条件下,棚内温度高于 10℃ 的天数一般约为 230 天左右,比薄膜日光温室少约 40 天,因而葡萄在棚内栽培不但冬季要简易埋土防寒,而且同一品种的成熟期要比薄膜日光温室的晚熟 20～30 天。虽然如此,但它比露地的同一品种还是要早熟近 1 个月,仍能取得较好的经济效益。如果有热源条件,在塑料大棚内装上增温设施,则其生产效果完全可以达到与日光温室的同等水平。

(四)几种简易的保护设施

1. 避雨棚 根据 1995 年中国农学会葡萄技术访日团的考察报告介绍,日本近年开始推广"双十字篱架"(图3-5)与遮雨篷相结合,用于避雨栽培欧亚种优质葡萄。这种栽培方式是由原有的坑道式(又称隧道式)覆盖栽培发展起来的,是介于不加温日光温室栽培与露地栽培之间的一种过渡的覆盖栽培形式。

其整个架材均用镀锌钢材制成,由加工厂制作成定型产品,在园地组装成架。立柱为 6.4 厘米粗的钢管,长 2.5 米,基部 40 厘米焊有 4 个 15 厘米的斜爪,埋入地下起固定作用,地表以上 60 厘米处钻一小孔,供穿铅丝用,再往上 110 厘米和 160 厘米处分别设 2 根各长 120 厘米的横档,中间钻孔以螺

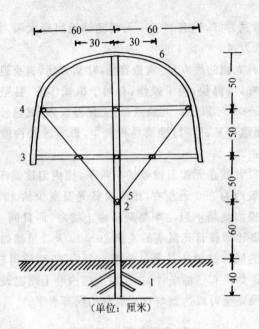

（单位：厘米）

图3-5　双十字篱架

1. 斜爪　2. 立柱　3. 下横档
4. 上横档　5. 铅丝　6. 半圆形遮雨棚框

丝钉与立柱交结固定,上横档两头与下横档距中心点各30厘米处钻小孔,穿铅丝,横档两端用扁钢条与立柱顶端连结成半圆形棚框,上覆盖农膜遮雨,联成长条遮雨棚。这种简易保护设施具有如下优点:

(1)结构简单　造价低,可就地取材,自行设计,用竹片、竹竿之类的材料建成。

(2)促果早熟　有利于实现稳定坐果,增大果粒,促进果实早熟,达到培养优质果的目的。也有利于后期保叶,增加树体营养积累,促进花芽分化,为下年的丰产奠定良好的基础。

（3）减轻病害　实现避雨栽培后，可显著地减轻真菌病害，减少喷药次数。也可减轻裂果，还能防尘，防鸟害，减少农药污染。有雹地区还能防雹，减轻雹灾造成的损失。

（4）扩大栽培地域　利用简易的保护设施，可扩大欧亚种葡萄的栽培区，提高鲜食葡萄生产的整体水平。

前几年，上海农学院试用自制的简易保护设施，在上海对一些欧亚种葡萄进行避雨栽培，并取得了显著效果。

2. 小型前窗倾斜式玻璃温框　这是适合寒冷地区庭院利用的一种保护设施，主要利用庭院北墙或沿向阳山坡立面的良好小气候条件选零星空地建造，上部宽约 1 米，下部宽 1.5～2.0 米，高一般 2 米或稍高，前窗的倾斜度为 60°～75°。建造时，可根据能利用部位的大小做一木框，然后将木框紧靠北墙或山坡立面，用水泥将缝填实固定，前窗用木框玻璃窗拼接而成，也可用木框和塑料膜拼接。建成后，酷似一排斜立着的玻璃窗。其中可种一行葡萄，用水平整枝培养。寒冷季节前窗要盖草帘保温。

玻璃温框的优点是结构简单，用料不多，投资少，还可利用废料，自己动手建造。但只宜作自给性生产，不适于商品生产栽培。

3. 临时性小拱棚　主要用于早春促进葡萄提早萌发，晚秋延长苗木生长期，促进枝条成熟，是一种临时性设施。小拱棚的高度和跨度根据要求而定，一般高约 50 厘米，宽 1 米左右，它的外形与塑料大棚相似，四周无墙体，用小竹竿、竹片或钢筋作架，上盖塑料薄膜，四周用土压紧而成，不像大棚那么高大。

用于促进葡萄提早萌发的小拱棚，既适于露地的早熟品种栽培，也适于塑料大棚的保护地栽培。一般在葡萄出土后，枝蔓暂不上架,待平地、施肥、灌水后,立即在葡萄枝蔓上扣上小拱棚,借以提高棚内气温和地温,促进葡萄芽眼提早萌发。小拱棚内应设温度计,便于随时掌握棚内温度。棚内温度宜控制在 28~30℃,如中午棚内温度超过 30℃时,先打开两头的塑料布或采用局部放风调节,若温度仍然很高,则可在中午前后打开塑料布,到下午 3~4 时再盖上。待芽眼萌发整齐,并有部分开始展叶时,即可撤掉小拱棚,小心地将枝蔓上架,尽量少损伤芽眼。撤掉小拱棚和葡萄枝蔓上架后,随即将塑料薄膜铺盖在植株基部的地面上,以继续提高地温。实践证明,塑料大棚内的葡萄可在 2 月 20 日前后出土,2 月下旬施肥、浇水,3 月初盖小拱棚,3 月 15 日前后即可萌发,3 月下旬即可去小拱棚上架。这虽比日光温室的同一品种晚 20~25 天萌芽,但比露地的要早萌芽 30 天以上。而露地栽培的早熟品种葡萄,在北京地区可在 3 月 15 日前后出土,3 月 20 日前后扣小拱棚,4 月中旬撤棚上架,一般比不扣棚的要早萌发 7~10 天,因而可促进早熟品种的果实更早熟。

另外,小拱棚还可用来促进苗木成熟。如遇秋季气温下降,而苗木仍未完全成熟,便可搭小拱棚,除保持棚内有较高的温度外,还能延长苗木生长期 20 天左右,以促使苗木进一步成熟,枝蔓较好地木质化。

4. 果穗套袋或打"伞"

(1)套袋 是保护果穗和提高果实品质的重要措施。所用纸袋多用薄而韧的白纸做成,在日本市场有多种规格的定型产品出售,一般做成长 25~30 厘米,宽 20~25 厘米的长方形袋。在果穗整形和疏粒后,对果穗喷 1 次杀菌剂(用 200~220 倍半量式波尔多液或 1 000~1 500 倍的多菌灵喷洒),再将果穗分别套入袋中。

套袋的好处:

第一,减轻病虫害:避雨,减轻果穗病害、虫害、蜂害,也有一定的防鸟害和雹害的作用。

第二,提高葡萄的商品质量:能减轻裂果,防农药污染,防灰尘,保持果面清洁,色彩鲜艳,提高葡萄的商品质量。

第三,提高果实内在质量:套袋可提高袋内的温度,有利于葡萄糖分的积累、含酸量的下降,有利于果实品质的提高。

套袋应注意事项:

第一,防日烧病:为防止套袋后袋内温度过高,引起果穗日烧病,要在袋子下部的两角处分别剪个小孔,便于透气,以防止引起日烧病。

第二,防风雨:套袋后,先将上口在穗柄处缚紧,再将套好的袋固定在结果枝上,以防被风刮坏。为防袋因雨淋而过早损坏,在套袋时最好在袋上盖一小块塑料布。

第三,适时拆袋:对一些不易着色的或需直射光才能着色的红色品种,要在采前1～2周去袋,使果穗晒到阳光,促其着色良好。而对散射光即能着色的品种或白色品种不要提早去袋,可一直套到采收。

另外,如买不到所要求的白纸,或为节约开支,也可用旧报纸做袋,但必须在报纸袋上盖一块塑料布,以防被雨淋坏。袋也可以不要底,就用长的纸筒,套好后将下部捏紧就行。这样有利于后期检查果穗的着色情况和成熟度。

(2)打"伞"　也是保护果穗的措施。用白色透明的塑料布或上光纸,先裁成20厘米×20厘米或25厘米×25厘米的方形块,再折出两条对角线,沿一条对角线从角剪到中心,待第一次果实生长高峰结束时,将塑料布或纸剪开的中心点套到穗柄处,再折成"伞"状,用钉书钉钉住,扣在果穗上方即成。其形状与电灯罩相似。打"伞"的好处是：遮雨，减轻果穗后期病害；还可防尘、防雹，保持果面清洁，提高商品性，减轻裂果。

二、大棚、温室内的生态因素

保护设施是利用各种材料建造成有一定空间的建筑结构，它能有效地控制葡萄生长发育所需的生态环境因素，室内全封闭，同外界环境隔绝，其生态条件同露地有很大差别。为了利用和控制好这种设施，以创造葡萄生长的最佳环境条件，必须了解设施内生态因素的变化。

(一) 光　照

太阳光是葡萄光合作用必不可少的能源，光照不足，光合产物少，就会直接影响到葡萄的生长和结果，而易出现新梢细弱、节间延长、叶片薄而软、枝蔓不易成熟等不良现象，甚至影响花芽分化和果实正常发育，使品质下降等。

保护设施内的光照条件常因玻璃或薄膜的新旧程度和灰尘污染情况而有很大差异，它与露地的光照条件相比，具有光亮减少、光照分布不匀、散射光增多等特点。保护设施内的光照虽比露地要减少 20%～30%，但由于设施内的温度增高，生长期加长，总的光合作用效率还是比露地高，这有利于有机物质的积累，获得比露地更高的产量。因此，应采用透明度好的玻璃或塑料薄膜，以增加透光率。同时，为了提高葡萄的光能利用率，应提高设施内早春和晚秋的温度，以延长葡萄光合作用的时间。大型现代化玻璃温室，一般都有良好的光照条件，可根据需要，补充光照。日光温室或塑料大棚必要时也可用日光灯或白炽灯来补充阴天或早晚光照的不足。

另外,由于设施内的散射光比露地增多,对促进葡萄果实的成熟和着色有良好作用。据资料介绍,日本有些农户还在地面覆盖反光膜,以增加设施内散射光的强度,利用这一措施的结果:可增加棚架下 25％的光强,增温 1℃,提高葡萄着色等级。

(二) 温　度

温度是影响葡萄生长发育最重要的生态因素,它影响葡萄生命活动的整个进程,也直接决定着葡萄的产量和品质。葡萄一般在 10℃左右开始萌芽,25～30℃为最适宜的生长结实温度,35℃以上就容易出现高温障碍。

保护设施虽然由于玻璃或塑料薄膜的覆盖,减少了热量的辐射和对流,可较多地保留太阳的辐射热,但其温度条件却具有升温快,降温也快,不仅在一天之内的变化大,而且棚内不同高度的温度也有很大差异,有时一天之内可经历从寒带温度(0℃以下)到热带温度(30℃以上)的反复变化,这种变化以塑料大棚更为明显。因此,设施内的温度控制和调节是保护地葡萄栽培的关键技术问题,只有根据所栽品种生长发育阶段对环境的不同要求,人为地控制和调节棚内的温度,才能保证保护地葡萄的正常生长和结实。

日光温室和塑料大棚中温度的另一个特点是早春气温上升快,而地温上升缓慢,因而容易出现葡萄植株的地上部分生长和地下部分生长之间的矛盾。解决这一矛盾,促进早春地温迅速提高,是一个很重要的问题。实践证明,在设施内升温的同时,在植株基部覆盖地膜,是行之有效的方法,它可提高耕作层的地温 4～6℃。

（三）湿　度

水分对葡萄生长结果的好坏有显著影响,它是促使新梢健壮生长、培养大穗大粒、获得高产的重要条件。葡萄对水分的需要是生长初期多,开花期少,果实膨大期多,果实成熟期少。如土壤中水分过多,易引起植株徒长,落花落果,降低葡萄产量和品质,并促使病害发生和猖獗。

保护设施内的相对湿度比露地高得多,且常与气温相互影响,易形成高温高湿的环境。设施内的相对湿度,因灌溉状况、气温高低、植株蒸腾作用的强弱以及设施通风状况不同而有很大差异。设施内相对湿度的控制和调节,应根据葡萄的不同生育阶段进行。如催芽期前后,需充分灌水,设施内的相对湿度要高,一般应控制在80%以上,甚至达到90%,以保证萌发整齐和前期新梢的健壮生长。新梢生长期要适当控制灌水,注意通风换气(棚内气温达到30℃时,就应通风降温、降湿),使相对湿度控制在60%左右,以利葡萄枝蔓生长充实,避免徒长。开花期停止灌水,使相对湿度控制在50%左右。果实膨大期为促进果粒迅速增长,要进行灌水,但棚内相对湿度不宜过高,力争控制在60%左右,以免形成高温高湿环境,减少病害发生。如果能按上述要求,对保护地葡萄的灌水和相对湿度进行调控,便可以实现采收以前不喷农药,达到生产高档商品果的目的,且所生产的葡萄,能完全符合绿色食品的要求。这是我们在北京市丰台区中日设施园艺场经五年试验得出的结论。

（四）二氧化碳气体

大家都知道,二氧化碳是植物进行光合作用的重要原料,大气中有充足而较稳定的二氧化碳气体可供葡萄应用,所以,一般葡萄栽培文献中很少把它作为生态因素提及。而在设施栽培中,情况就有所不同,有必要引起大家的重视。

保护设施内二氧化碳浓度的高低对葡萄光合产物的多少有很大影响。在密闭的设施内,白天棚内空气中二氧化碳的浓度,往往因葡萄光合作用的不断消耗而逐渐降低,又不能及时从大气中得到补充,以致葡萄植株的光合效率越来越低,严重影响到葡萄植株营养物质的制造和积累。因而,如何不断补充保护设施内二氧化碳,提高它的浓度,保证葡萄光合作用的正常进行,就成为保护地葡萄栽培中的一个值得重视的问题。为了解决这一问题,日本利用二氧化碳发生器来补充和提高保护设施内二氧化碳的浓度,提高葡萄的光合效率,增加光合产物,取得了很好的效果。我国生产上则采取定期通风换气的办法,将大气中的二氧化碳气体引入棚内,使设施内的二氧化碳及时得到补充。

第四章 大棚、温室葡萄栽培的技术与管理

大棚、温室葡萄栽培的一切技术措施,都必须紧紧围绕着以下要求进行。首先,要为大棚、温室内葡萄植株创造最佳的生态环境,以满足其各个生长发育阶段对最适生态因素的要求,使之顺利通过各个生育阶段;其次,要充分利用大棚、温室内土地面积和空间,合理布局,做到既方便管理,又有利于植株的通风透光,提高光能利用率;第三,要根据葡萄生长发育特点,对各项树体管理一定要做到及时、细致,并有利于促进

早熟或晚熟;第四,实行集约栽培,努力培养穗大粒大,形色美观,品质优良,既无农药污染,又有较强市场竞争力的高档商品果,以求取得最高的经济效益。

一、大棚、温室葡萄栽培的苗木繁殖

为了充分利用设施内的土地和空间,大棚、温室葡萄栽培多采用小株密植的方式定植,一般每亩种植 300 株左右,这样大的用苗量如果全部从市场购入,势必要增加生产投资,而且购进的苗木一般难以保证苗木的纯度和质量,从而将直接影响到大棚、温室葡萄栽培的效益。因此,大棚、温室葡萄栽培的用苗,还是以自己繁殖为好。

利用保护地育苗比露地育苗有很多优越条件。首先,它便于创造出适于种条催根要求的地温高、气温低的环境条件,可进行批量催根。其次,它具有早春适合苗木生长的气候条件,在这种环境条件下育苗,不但成苗率高,在种条质量好的情况下,成苗率可达 95％以上,而且比露地育成的苗木要提前生长 2 个月以上。用这样的苗木在大棚、温室(或露地)栽培,只要养护能跟上,翌年即可全部结果。第三,它适于进行工厂化育苗,批量生产,搞得好,1 亩日光温室可培育出合格苗木20 000～30 000株或更多。

保护地育苗主要采用扦插繁殖和嫁接繁殖,现将其具体方法分述如下。

(一)扦插繁殖

这是目前繁殖葡萄应用最广而简便易行的方法。保护地育苗多采用硬枝扦插繁殖。

1. 种条的采集

(1)品种纯度调查 种条采集前,必须对采种园的母株先进行纯度调查。调查中如发现混杂品种,则要标出明显的记号,或将混杂植株早日修剪,并将剪下的枝条清除出采种园,以免将来采条时出现混杂。

(2)选用优质插条 种条采集时,要剪留充分木质化、芽眼饱满、无病虫的一年生壮条(茎粗以 0.7～1.0 厘米的为好)作插条。过粗的徒长枝和细弱的枝条不宜做插条。采集的插条每 100 支捆成一捆,随即挂上名牌(要用不易擦掉的记号笔书写),放入地窖盖土(或沙)埋藏备用。

(3)插条埋藏越冬 种条埋藏时,要注意将土块打碎,弄成粉末状,使之充分进入种条间空隙,以免条间空隙大而引起种条发霉,影响成苗率。如能用沙藏最好。在种条贮藏期间,还应该隔 1 个月检查 1 次,防止土壤过干或过湿。

2. 塑料袋和营养土的准备

(1)制作塑料袋 从塑料厂购入宽 13～15 厘米的塑料筒,按长 18～20 厘米剪成塑料袋,袋底用缝纫机扎一道单线,或用订书机均匀地钉两个订书钉即成。如果购进的是相近规格的带底塑料袋,则须在近底处打几个小孔,或在袋底的两角各剪 1 个孔,以利排水,并使将来长出的幼根能伸出袋外吸收营养。

(2)配好营养土 用园土、腐叶土(或泥炭土)和粗沙各 1 份配制成营养土,也可用园土 4 份,加蛭石或粗沙 1 份配制。如有经腐熟的鸡粪或饼肥,可在配好的营养土中加入 5％的这类肥料,以增加营养土的肥效。但切忌加入未经腐熟的肥料,以免肥料发酵,烧坏幼根。

(3)准备好低畦 将日光温室内的土地按宽 1.2 米,长 5

米做成低畦(畦埂高 15～20 厘米,为方便管理,两畦之间留 40～50 厘米的小路),然后在畦内表面撒施一些腐熟的农家肥,翻耕 15～20 厘米深,使肥料与土壤拌匀,并将畦面整平。待排放塑料袋用。

(4)营养土装袋 将配制好的培养土分别盛入塑料袋,然后将其整齐地排放在低畦内的地面上(要排紧,不使歪倒)。一般每畦可排放 600 袋左右。排放好后,不要浇水,等待扦插。

3. 催根电热温床的准备 在日光温室的东头(或西头)用塑料布隔开一间温室作催根用。其顶棚上盖的蒲席(或草帘)暂不打开,以避免日光照射而使气温上升,并将这间温室北墙上的通风窗打开,使室内气温下降到 10℃以下。再在温室的地面上用地热线和控温仪(继电器)组装成 5～6 平方米的电热温床,四周用砖围起来。组装时,温床两端要各固定一根 5 厘米×5 厘米大的木条,其上每隔 5 厘米要锯一深约 1 厘米的小槽,以便将地热线嵌入槽内,使之固定(具体组装方法见说明书)。然后,在布好的电热线上铺一层 5 厘米厚的湿沙或湿蛭石即成。电热温床建好后,要试运行 1～2 天,如证明其温度可稳定在 25℃左右时,便可使用。这样就创造了一种地温在 25℃左右、气温在 10℃以下的最佳催根条件。在这种条件下催根,一般品种的葡萄插条在 10～12 天就可形成良好的愈伤组织,有些还能长出小根,而插条上部芽眼不萌发,达到极为理想的催根效果。

实践表明,应用蛭石作基质的催根效果比沙子要好,主要是蛭石的保湿性和透气性均好,而沙子的保湿性虽好,但在透气性上不如蛭石,所以,催根基质最好选用蛭石。用蛭石作基质除在插条上床时浇 1 次水外,在整个催根过程中,一般可不再浇水,因而使催根温度一直保持在最佳状态。

4. 催根时间　利用保护地育苗,催根的时间在北方可提早到 2 月下旬进行。3 月上旬便可将催好根的插条分别插入准备好的塑料袋中,在塑料袋里经过 2～2.5 个月的培养,在5 月中旬即可定植。

5. 扦插方法　种条从贮藏窖中取出后,先在清水中浸泡24 小时,使之吸足水分。然后剪成双芽或单芽(节间长的种条可剪成单芽)插条,条长一般 10～12 厘米,最长的 15 厘米左右。剪条时,顶端的芽眼一定要留饱满的,在顶芽上方 1.0～1.5 厘米处平剪,以减少种条内水分的蒸发,在下端近节0.5～1.0 厘米处、芽眼的对面斜剪,使之伤口面大,易于形成较大的愈伤组织。然后将剪好的插条按长度分类,每 30 支捆成一捆,捆时,下端一定要弄齐,以便催根时插条基部受热一致,愈伤组织形成整齐。捆好后在种条上挂上名牌,再排放在电热温床上,将下部盖上蛭石(露出顶芽)催根。在催根开始时,如蛭石较干,则需用喷壶浇 1 次水,若蛭石湿润,可不浇水。在催根过程中,只要蛭石还保持湿润,仍不必浇水,但必须经常检查催根温度是否正常。催根后第十天开始,要对插条愈伤组织的形成情况进行检查,若愈伤组织形成很好,并有少量出现小根,即可取出上袋。若愈伤组织形成不很完全,则可再埋入蛭石中继续催根 1～2 天。但要注意不要在根长长了时再上袋。

取出上袋的催根插条,要经 1 次挑选,将愈伤组织形成不好的或尚未形成愈伤组织的少数插条选出,另行捆好,再放入电热温床,继续催根。也要把催根过量、根长出较长的插条(少量)选出。这些带根插条要像栽小苗一样,栽入塑料袋中,以免伤根过多,影响苗木质量。大多数愈伤组织形成正常,甚至有的出现一点小根的插条,均可直接扦插上袋,每袋插入 1 根,并将顶芽露出土面,插后浇透水 1～2 遍,也可将低畦中灌满水,使水从袋底小孔渗入袋中,让营养土吸足水。以后只要保持土壤湿润即可,干了再灌水。

扦插后,将日光温室的气温保持在 25～28℃,约 1 周后,插条的顶芽开始萌发,待顶芽萌发整齐,为防止幼苗徒长,室内气温可降至 20～25℃。当叶片长到 4～6 片,并在塑料袋边沿看到幼根时(约插后 2 个月),便可在棚内(或露地)定植,也可移入苗圃继续培养。定植时,要将塑料袋剪开,取出土团,栽入定植穴中。注意不要散团。若配制营养土时,用沙或蛭石量大,土团容易散开,则可先将塑料袋苗放入定植穴中,再用刀片将塑料袋划成若干条缝,以便幼根从缝中伸出生长。定植后,浇透水,即能继续生长,而无缓苗期。

如塑料袋苗已到可定植时期(一般为 5 月中下旬),而定植准备工作尚未完成,或须等待麦收后才能定植,不得不推迟出圃时间 1～1.5 个月时,为了避免苗木根系直接扎入深层土中,给起苗移苗带来困难,影响苗木的成活率,最好在移栽定植的空畦上,铺上一层塑料布,在塑料布上再铺 15～20 厘米厚的土,再将塑料袋苗重新排放其上。这样袋苗的幼根伸出后,就不会扎入深层的土中,而只能在塑料布上土层中水平伸展。同时,要把室内气温控制在 25℃ 以下(去掉温室前下方塑料布,使室内气温与露地相似,温室棚顶的塑料布不要去掉,让它起遮荫防雨作用),并对幼苗进行摘心,使之加粗生长。

塑料袋苗抹双芽、去副梢、除草等一般管理与苗圃育苗相同,但主梢摘心后,要对顶端副梢反复摘心,以免枝叶生长过密过长,引起病害。若塑料袋苗不能如期全部出圃定植,剩下的袋苗可继续在温室内培养,但从 7 月初开始,要注意适当喷药,预防霜霉病的发生。

（二）嫁接繁殖

嫁接繁殖有硬枝嫁接和嫩枝嫁接（即绿枝嫁接）两种。国外多应用前者，我国则多采用后者。

1. 硬枝嫁接

（1）砧木　国外多采用抗葡萄根瘤蚜砧木。最著名和应用较广的砧木品种有：沙地葡萄的久洛（抗旱、生长势强），河岸葡萄×沙地葡萄的 101-14，3309，3306（抗寒、抗病），伯兰氏葡萄×河岸葡萄的 5BB，SO4（抗石灰性强、易生根和嫁接愈合）等。在国外有专门生产这类砧木的生产园，有些国家还有生产这类砧木种条用于出口的。

（2）繁殖方法　每年秋末，将采集好的砧木和接穗种条妥善窖藏。翌年 2～3 月间在室内进行硬枝嫁接（用嫁接机接）。砧木长 30～40 厘米（一般为 3 芽条），接穗采单芽，劈接的多，接好后在接口处涂蜡，卧放在催根木箱内，先在箱底铺一层湿锯木屑，锯木屑上放一层接条，再放一层湿锯木屑，一层接条，每箱放 500～700 支（每人每日约接 1 000 支左右）。然后将放好接条的催根箱放入保持湿度 85%、温度 28～30℃的温室内。催根箱进入温室内的第五天开始，将温室内的温度调到 23℃左右，以促进愈合。降温后两周左右，大部分接条形成愈伤组织，并有少量出现幼根，便可下地种植。种植时，用拖拉机开沟，按行距 60 厘米，株距 5～10 厘米排开，将嫁接口露出土面，再用拖拉机覆土做垄，浇水。下地后，只要加强前期管理，80% 以上的接条均能生长成壮苗。这种方法便于机械作业，大批量地繁殖苗木。

我们在日光温室中也可以利用硬枝嫁接繁殖苗木。在上地热温床催根前，用贝达（或其他砧木品种）剪成 2 芽条做砧木,采用劈接接上嫁接品种芽(单芽),接口处涂蜡,接后每30根一捆捆好,再放到地热温床上催根,催好根后插袋培养即可。

2. 嫩枝嫁接　可按上述扦插繁殖方法,先在塑料袋中培养好砧木苗,待砧木苗的新梢长到7~8片叶时,便可在日光温室内的母树上采取接芽进行嫁接(具体嫁接方法请参照作者编著的《盆栽葡萄和庭院葡萄》第27~29页,1993,金盾出版社)。嫁接10~15天后,接芽开始生长时,即可在温室内定植或移栽于露地。

二、大棚、温室葡萄的种植

大棚、温室葡萄的种植须考虑如下原则:首先,要充分利用设施内的土地面积和空间,除采用适当密植外,还要做到方便间作,有利管理,争取更高的经济效益;其次,要根据设施结构的种类和葡萄生长发育的特点,合理安排葡萄的种植行向、株行距、架式和整枝形式,使它得到充足的光照和适宜的温度条件;第三,在种植和管理上,要做到整齐化和规格化,这不但方便管理,而且有利于植株的通风透光,提高光能利用率,从而生产出品质、形色比较一致的高级商品果。现将目前认为较好的几种种植形式介绍如下。

(一)日光温室的葡萄种植形式

1. 南北行篱架种植　适用于南北宽7~8米、高2.5~3.0米的日光温室。按行距2米、株距1米定植,但要离东、西墙和南边棚缘各1米,每行一般种植6株,采用篱架和单臂水平整枝。每亩种植240~280株(图4-1)。

这是目前应用较多的种植形式之一。它有利于规格化管理,方便前期间作,但要注意每行近中柱一株的光照条件,以免因后屋面遮荫而影响其生长和结果。

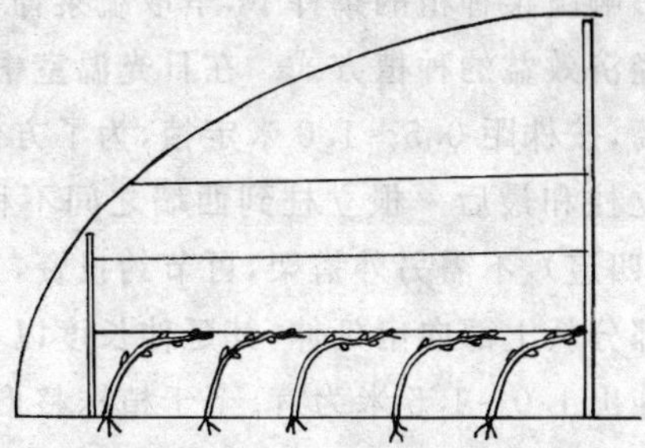

2. 东西行棚架种植 适用于南北宽6.5～7.5米、高2.5～3.0米的日光温室。在

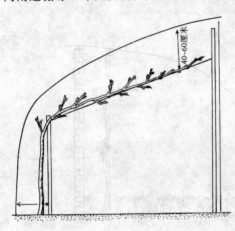

图 4-1 南北行篱架种植示意图

离南边棚缘1米处开沟,东西行种植,株距0.5～0.75米,要离东、西墙各1.0～1.5米,呈一字长蛇阵排开,采用倾斜式棚架和独龙干整枝。棚架顶距温室顶棚塑料布之间要留40～60厘米的空间,以免葡萄叶片被高温棚膜烤伤。每亩种植150～210株(图4-2)。

图 4-2 东西行棚架种植示意图

这也是目前应用较多的一种种植形式。它使种植的全部植株都处于最佳的光照和温度条件下,有利于葡萄的生长和结果,能生产出高质量的商品果。

3. 利用蔬菜温室空间生产葡萄 在沿中柱南边1米处,采用东西行篱棚架种植,这是一种利用现有蔬菜温室空间,在不影响蔬菜种植的条件下,争取蔬菜葡萄双丰收,提高日光温室经济效益的种植方式。在日光温室中柱南边1米处栽1行葡萄,按株距0.5~1.0米定植,为了方便操作,从东墙到第一根立柱和最后一根立柱到西墙之间不种葡萄,铅丝拉在立柱上(四道),不需另外搭架,可节约投资,采用篱架或篱棚架,棚架部分从上部向南延伸,其延伸长度以不使蔬菜遮光为限,一般伸出1.0~1.5米为宜。至于植株整形,如采用篱架,则可用小扇形或单臂水平整枝,若采用篱棚架,则宜用独龙干整枝。每亩种植90~180株(图4-3)。在蔬菜温室日益发展的今天,提倡这种种植方式,必能大大提高蔬菜温室的光能利用率和经济效益。

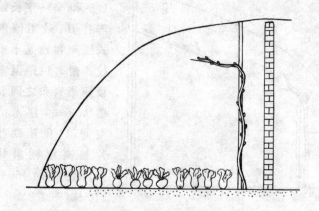

图4-3 利用蔬菜温室空间生产葡萄

采用这种种植方式,要注意如下几点:

(1)要有适宜的室温 要选用较高的温室,其高度应在2.5米以上。

(2)光照要充足 要特别注意温室后屋面的仰角大小,若仰角较大,则阳光能照到种植的葡萄上,有利于葡萄的生长和发育,如仰角太小,则势必造成遮荫,影响葡萄的生育和产量。为了解决这一问题,就不能利用原有中柱搭架,而必须在葡萄种植行南边50厘米处另立一排新篱架。

4. 东西行棚架和篱架种植   适用于南北宽 6.5～7.5米、高 2.5～3.0 米的日光温室。在离南边缘 1 米处,按上述东西行棚架种植的形式,以形成将来的棚架部分,再在沿中柱南边 1 米处,按上述利用蔬菜温室空间生产葡萄的形式,以形成将来的篱架部分。每亩种植 260～330 株(图 4-4)。这实际上是上述东西行棚架种植和利用蔬菜温室空间生产葡萄两种形式的结合。不过应该说明,这种结合形式只是暂时的,棚架部分是主体,是长远保留部分,篱架部分是临时的,一般可结 3～4 年果,待棚架上葡萄满架后,则可及时将篱架部分的苗移植他处。这是在棚架葡萄尚未满架

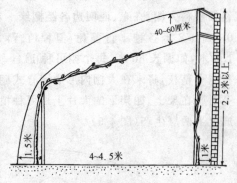

40～60厘米

2.5米以上

1.5米

4～4.5米

1.3米

图 4-4   东西行棚架和篱架种植示意图

的前 3～4 年,充分利用设施内的土地面积和空间,以提高前期经济效益的种植方式,虽苗木投资大些,但前几年的收益是可观的。

(二)塑料大棚的葡萄种植形式

1. **南北行篱架种植** 适用于8～14米宽的大型无柱钢架塑料大棚。除离东、西棚边各1米,南、北两头棚缘各1.5米以外,其余地块均按行距2米、株距1米种植。如长60米,8米宽的棚可种4行,224株;10米宽的可种5行,280株。采用篱架,近棚边的两行因大棚架稍矮,宜采用单臂水平整枝,中间各行可采用水平整枝,也可用小扇形整枝。不过,塑料大棚冬季的保温性能差,为适应简易防寒的需要,特别是需要埋土防寒的地区,还是以小扇形整枝为好。

2. **南北行屋脊式棚架种植** 适用于宽8～10米的无柱钢架塑料大棚。在东、西两边各距棚缘1米处,南北行,按株距0.5～0.8米各种1行葡萄,但种植行两头离棚缘要各留出1.5米,如棚长60米,每个棚可种144～228株。采用棚架和独龙干整枝,将来在大棚内形成屋脊式棚架,让两行葡萄的枝蔓对爬在架上。棚架下的大片土地可种植些稍耐阴的蔬菜,形成上下两层生产(图4-5)。

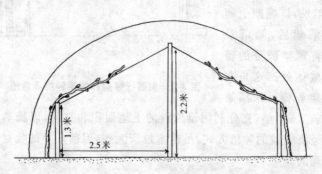

图 4-5 南北行屋脊式棚架种植示意图

3. 南北行飞燕式棚架种植 适用于宽 8～10 米的无柱钢架塑料大棚。在大棚中央的 1 米种植沟内种植两行葡萄(行距 0.6 米),其种植株距、种植数量和葡萄整形均同屋脊式棚架种植,只是两个棚架的棚口分别向塑料大棚的边缘开张,形成两个方向相反的倾斜式小棚架,形似飞燕的双翅,两行葡萄的枝蔓按相反方向,分布在各自的棚架上。棚架下的土地可种植喜光的蔬菜(图 4-6)。

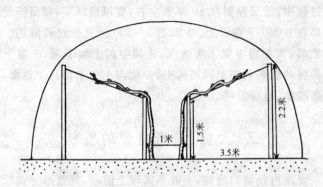

图 4-6 南北行飞燕式棚架种植示意图

这种种植方式的优点是:①塑料大棚中心部分的温度一般比棚缘要高,有利于葡萄芽眼提早萌发,且在早春寒流袭击时,萌发芽眼受害轻或完全不受冻;②果熟时,果穗能有较多阳光照射,有利于果实的着色和品质的提高;③方便架下间作。

葡萄是喜肥的植物。为了促使保护地葡萄植株的健壮生长,夺取丰产和优质果品的生产,必须保证种植土壤中有充足的养分,以满足其生长发育的需要。因此,在保护地葡萄种植前,不论采用那一种种植方式,都必须进行深沟施肥,以便为其庞大的根系创造良好的生长条件。

种植沟最好在种植前2~3个月挖好。沟宽、深一般各1米(如为多年栽种蔬菜的园土和土层深厚肥沃的地块,沟深可在80厘米),挖沟时要将上层熟土和下部心土分别堆放。沟开好后,先在沟底填一层树叶、杂草、秸秆(切成短段)等有机物,再在上面回填一层熟土,然后施入一层优质有机质(最好是腐熟鸡粪),再一层熟土,一层肥料,一直施肥至70厘米,最后30厘米填入心土,填至与地面齐平或稍高于地面。在分层施肥过程中,每层控制在10厘米左右,要层层踩实,每亩施肥总量要在5 000千克以上,外加200~300千克的过磷酸钙。施好肥后,要在沟中浇1次透水,让沟中的土壤下沉,土壤下沉后再将地表剩余的土回填沟中,并使沟上的土稍高于地面,形成高畦状,准备定植。

三、大棚、温室葡萄的整枝

设施内栽培的葡萄,一般不需埋土防寒,其整形方式原则上可以不受限制,但我国目前种植葡萄的设施比较简陋,高度偏低,种植密度又大,为有利于植株的通风透光和考虑管理上的方便,还是采用如下几种整枝形式为好。

(一)单臂单层水平整枝

适用于日光温室和塑料大棚的篱架种植。具体方法是:按株距1米定植;定植苗萌发后,选留1个健壮新梢培养成主蔓,待新梢长1.5~1.6米时摘心;摘心后副梢萌发,将基部50~60厘米处的副梢全部抹去,60厘米以上的副梢留2~6叶摘心;冬季修剪时,将主蔓上的副梢全部剪去,只留1条1.5~1.6米长的主蔓下年结果。翌年将主蔓从南向北水平绑在距地面高 50～60 厘米的第一道铅丝上。新梢萌发后,将主蔓基部 60 厘米以下的萌发芽眼尽早抹去,60 厘米以上的则隔 1节留 1 果枝(或新梢),共留 4～5 个新梢结果,并均匀地将其绑在架面上。冬剪时,在每个果枝基部留2 芽(基口芽不计在内)的

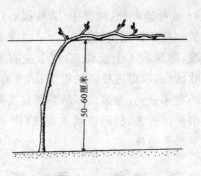

图 4-7　单臂单层水平整枝

结果母枝短剪(图 4-7)。第三年,在每个短结果母枝上留 1～2个结果枝结果。冬剪时仍留相同数量的 2 节短结果母枝下年结果,树形即告完成。以后按第三年的方法继续培养。

但在剪留短结果母枝时,应尽量选用近主蔓的健壮结果枝,以防结果部位上移。如下部结果枝较细,不得留上部果枝作结果母枝时,则在留上部的结果母枝外,将下部较弱新梢剪留 1 芽作预备枝,让其形成 1 健壮新梢。待下一年冬剪时,把上部果枝全部剪去,将预备枝剪留两芽作结果母枝,供来年结果。

(二)双臂单层水平整枝

适用于日光温室近中柱南北行篱架种植。具体方法是:按株距 2 米定植;定植苗萌发后,仍选留 1 个健壮新梢培育为一侧主蔓,待新梢长 1.8～1.9 米时摘心;摘心后副梢萌发,为了提早成形,可利用副梢整形,即在新梢距地面约 80 厘米处,选留 1 生长健壮的副梢培养成另一侧的主蔓,其余萌发副梢位于此副梢以下者,全部尽早抹去,此副梢以上者除顶端 1 个留

4～6叶摘心外,均留1～2叶摘心,以保证选留副梢的健壮生长。待选留副梢长到1.0～1.1米时摘心,2次副梢的摘心处理,除顶端1个长到30厘米左右再摘心外,其余的一律留1叶摘心,以促进枝蔓加粗生长,并有利于促进枝蔓成熟和芽眼的花芽分化,为第二年结果奠定良好基础。冬季修剪时,将副梢全部剪去,树形即基本完成(图4-8),以后的培养同单臂单层水平整枝。

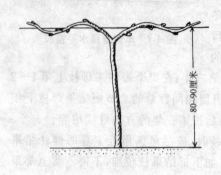

80～90厘米

图4-8 双臂单层水平整枝

培养这种树形也可在定植苗萌发后,选留2个健壮新梢分别培养成两侧的主蔓成形。

水平整枝的优点是:树形结构简单,整形修剪技术易于掌握。树势均衡,枝蔓生长均匀,坐果率高,穗较紧密,果实品质与着色均好。管理方便,通风透光好。

(三)龙干整枝

适用于日光温室和塑料大棚的棚架种植。龙干整枝通常有独龙干和双龙干两种整枝形式,在保护地葡萄栽培中,一般多采用独龙干整枝。具体方法如下:

按株距0.5～0.75米定植。定植苗萌发后,选留1个粗壮新梢培养成主蔓,待新梢长到2.0～2.3米时摘心,副梢长出后,除顶端1～2个副梢延长,待其长到50厘米左右再摘心外,其余叶腋副梢距地面70～80厘米以下的全部抹去,以上的则根据粗度作不同处理,粗的(0.7厘米以上)留4～5节摘心,细的留1～2叶摘心。2次副梢的处理按上法进行。冬季修剪时,将主蔓上的副梢全部剪去,每株只保留1个长2.0～2.3米的健壮主蔓结果。

第二年,芽眼萌发后,将主蔓近地面70～80厘米以下的萌发芽眼全部抹去,从80厘米处开始,在主蔓上部两侧分别每隔30厘米左右留1个结果枝结果,每个结果枝留1个果穗。冬剪时,在每个果枝的基部剪留2芽(基口芽不算在内)作结果母枝(较弱的果枝剪留1芽)。至此,树形基本完成(图4-9)。以后每年在短结果母枝上选留1个好的结果枝结果,在架面未布满时,可利用主蔓顶端结果枝作延长枝,延长枝剪留长度不宜过长,一般剪留6～7节,到满架为止。

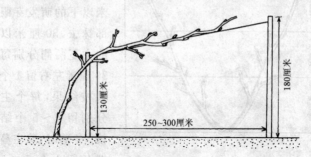

图4-9 龙干整枝

应用这种树形一定要注意培养好系列短结果枝组,要像蚯蚓腿一样,排列整齐,不要形成光秃、残缺,万一出现,要及时培养补上。

这种整枝形式的优点是:技术简单,易于掌握;果枝在架面上分布均匀,有利于通风透光。

（四）小扇形整枝

适用于日光温室和塑料大棚的篱架种植,特别是对需简易埋土防寒的塑料大棚栽培更为有利。具体方法如下:

种植株距多为 1 米,也有采用 1.2 米的。定植苗萌发后,选留 2 个健壮新梢培养成主蔓,待新梢长到 1.3～1.5 米时摘心,摘心后的副梢处理同前述。冬季修剪时,剪去全部副梢,只留 2 个长 1.3～1.5 米、粗 1 厘米左右的主蔓结果。

第二年,芽眼萌发后,主蔓基部 50 厘米以下的萌发芽眼全部抹去,50 厘米以上的主蔓两侧分别每隔 30 厘米左右留 1 个结果枝结果,每个主蔓分别留 4～5 个结果枝。冬剪时,除主蔓顶端各留 1 个 5～7 节的延长枝扩大树冠外,其余的均留基部 2～3 芽短剪成结果母枝。至此,树形基本完成(图 4-10)。以后按第二年的方法继续培养。

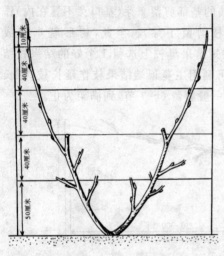

图 4-10　小扇形整枝

这种整枝形式的优点是:株形小,成形快,有利于早结果、早丰产。

四、大棚、温室葡萄栽培的温度管理

大棚、温室内的温度管理是培育好保护地葡萄的关键。它不但要保证植株不受低温或高温的危害，而且要满足葡萄各个生长发育阶段对最适宜温度的要求，使之顺利完成整个生长过程，并能按计划的要求，生产出高品质的葡萄。

国际上大型现代化温室有专门的供暖系统，并实现了计算机管理，有的在温室内安装暖风机进行温度调控。这些都为保护地葡萄栽培的温度管理提供了极为良好的条件，可不受季节的限制，随时安排葡萄生产。

在我国目前应用的薄膜日光温室中，部分也有加温设备（管道火炕加温），虽增温效应不算很强，但也能在一定程度上达到迅速提高地温、缩短催芽时间的目的，但要像大型现代化温室那样，随时安排葡萄生产，难度还是很大的。设施温度调控应掌握以下几点。

（一）揭盖薄膜时间

一般在初霜冻到来之前盖膜，以保护葡萄叶片，延长叶片光合作用的时间，使果实和枝蔓成熟更好。由于各地的气候条件不同，揭盖膜的时间有差异，根据各地的经验，沈阳的扣膜时间为 9 月中旬，北京则以 9 月下旬到 10 月上旬扣膜为好。

揭膜的时间一般要在晚霜已过，露地的气温稳定在 20℃以上时进行。具体时间为 5 月下旬至 6 月上旬。

在盖膜期间，要根据棚内温度变化情况，随时开窗或揭开部分薄膜放风，以调节棚内温度。

揭膜时，只揭去棚缘部分薄膜，使棚内气温与露地的基本一致,而棚顶部分的薄膜继续保留,不要揭去。这样,雨水仍不能直接淋到叶片上,可减少病害的发生。在有雹灾为害的地区,顶棚部分保留薄膜还有防雹灾的作用。

(二)揭盖草帘时间

大棚盖膜后,一般棚内夜间气温下降到5℃以下时,就要在夜间盖帘保温,白天再将草帘揭开,使棚内气温继续维持在较高的水平上,以保证葡萄果实和枝蔓芽眼的充分成熟。盖帘开始后,要在日出后1小时揭帘,日落前1小时盖帘,以提高保护设施内的保温效果。

大棚内葡萄落叶并完成冬剪后,直到翌年升温前这段时间不要揭帘,使葡萄植株在低温黑暗条件下休眠。如保护地内的冬季气温最低达-14℃以下的地区,在葡萄休眠期内还必须埋土防寒,棚内的埋土厚度有15~20厘米即可安全越冬。埋土防寒后,立即加盖草帘。

(三)揭帘升温催芽

葡萄的自然休眠期一般要经历大约2个多月(即11~12月份),在1月下旬至2月上旬结束。薄膜日光温室在此时即可揭帘升温催芽,即白天上午9时揭开草帘,下午3~4时再盖上草帘,以促使棚内温度逐步提高。这样的升温催芽一般要经过30~40天,芽眼才能萌发。

有的薄膜日光温室内有加温设备,在开始升温催芽时,适当加一点温,对缩短催芽时间大有好处。也可利用这一设备,在元旦后即提早加温催芽,以提早鲜果上市时间。根据日本的经验,开始加温的第一周,保持白天15~20℃,夜间5~10℃;第二周白天仍保持15~20℃,夜间提高到10~15℃;第三周以后,保持白天 20～25℃,夜间 20℃左右。这样有 20 天左右的时间,芽眼便可萌发。这对果实提早采收极为有利。同时,由于加温,地温也能较快地提高,地上部分和地下部分的生长不协调现象便可大为减轻。应特别注意的是,升温催芽不能过急,温度应该逐步提高,如果升温过高过快,易导致芽眼萌发,但地温一时还上不来,根系活动还没开始,养分供应不上,将造成芽眼萌发不齐、花序发育不良等弊病。另外,加温的时间不要过长,待利用阳光能保持上述温度要求时,即可逐渐停止加温。一般加温时间约 1～1.5 个月即可,最多不超过 2 个月。

塑料大棚一般没有加温设备,也没有保温条件,其升温催芽时间比薄膜日光温室大都要晚 20 天左右。为了提高棚内的气温和地温,可采用植株周围的地面铺盖塑料薄膜,或在植株出土后,先不上架,在植株上加盖小拱棚,以达到提高气温和地温以及保温的目的。待芽眼萌发后再拆去小拱棚、铺地膜,上架,但也要掌握小拱棚内温度的缓慢上升,最高温不要超过 30℃,防止引起高温障碍。

(四)萌芽至开花期的温度调控

在气温升至正常,无大寒流侵袭的情况下,萌芽至开花期的生长日数一般为 40～45 天,如遇较大寒流入侵,棚内气温上升缓慢,这段生长期的生长日数有时可延长到 55～60 天,因此,控制好这段时期的温度,对提早果品采收极为重要。

在这段时期里,葡萄新梢生长迅速,花器仍继续分化。为防止新梢徒长,在新梢生长期间,白天的温度仍应继续控制在 20～25℃,夜间以 15～20℃为宜。进入开花期前后,温度应稍为提高,白天控制在 25～28℃,夜间 18～22℃,以满足开花、坐果对温度的需要,保证授粉、受精过程的顺利进行。

(五)果粒膨大期的温度调控

为了促进幼果迅速膨大,棚内的白天气温可适当提高,使之控制在28~30℃,夜间仍维持18~22℃。此时,露天气温已高,要特别注意通风,使棚内白天的温度不过高(一般不超过30℃)。待晚霜过后,露地气温稳定在20℃以上时,便可将棚缘的薄膜去掉(棚顶薄膜继续保留),使棚内的气候条件与露地的相近。到进入浆果成熟期,为增加树体的营养积累,提高葡萄糖分,可加大昼夜温差(达10℃左右),因此,白天仍控制在28~30℃,最高不超过32℃,夜间温度逐渐下降到15~16℃或更低些。在寒冷地区,若葡萄尚未完全成熟,露地气温已开始下降,为了保证浆果和枝蔓充分成熟,则应及时扣膜保温。

在薄膜日光温室的温度控制正常的情况下,一般早熟品种从萌芽到果实充分成熟的总生长日数为110~120天,其中从萌芽到开花为40~45天;从开花到果实充分成熟为70~75天。如果2月中旬萌芽,6月中下旬果实即可成熟上市。中熟品种的总生长日数为130~140天,其中从开花到果实充分成熟为85~90天,果品上市的时间比早熟品种一般要晚20天以上。若应用大棚栽培,同一品种的果实成熟时间比薄膜日光温室一般也要晚20天左右。

为了充分发挥薄膜日光温室人工控制气温的优越性,避免地温上升慢所造成的葡萄地上部分与地下部分生长的矛盾,可利用保护设施栽培与盆栽相结合,更早地生产出优质葡萄上市,以争取较高的效益。可将头一年培养好的盆栽葡萄于10月下旬开始置于低温(5℃以下)条件下60~70天,让其通过自然休眠。到第二年1月上旬取出,集中放在加温的薄膜日光温室内催芽,待不加温的薄膜日光温室的夜间温度达到15~20℃时,即可将已萌芽的盆栽葡萄分开培养。这样,如盆栽葡萄是早熟品种,则其果实在5月中下旬即能成熟。这对利用我国现有设备条件,解决鲜食葡萄的周年供应,将是一条有效的途径。

(六)大棚、温室内温度管理的几点经验和体会

为了使大家对大棚、温室内的温度管理有进一步了解,并从中吸取有益的经验,现将我们连续5年(1992~1996)在北京丰台区中日设施园艺场,合作开展的保护地葡萄栽培试验结果简介如下。

首先应该说明,我们应用的保护设施都是该场原有的、为栽培高级蔬菜而修建的。薄膜日光温室为砖与镀锌管结构,每栋长60米,宽6米,高2.2米,有管道火炕加温设备。大棚为无柱钢架塑料大棚,每栋一般长60米,宽8米或10米,中高3米左右。前者按东西行棚架定植,株距0.5~0.6米,独龙干整枝。后者按南北行篱架种植,行距2米,株距1米,近棚边两行,采用单臂水平整枝,中间各行均按小扇形整枝。试验品种以京秀、京可晶、京早晶、凤凰51、京玉、京优、京亚、紫玉等早熟品种为主。为了便于比较,在一个薄膜日光温室中定植了7个早熟品种,共98株。

1. 薄膜日光温室 从供试的7个品种看,定植苗木不但全部成活,生长状况都比较理想,而且在定植后的第二年都开始结果。不过,从它们的结实性统计结果表明,在这7个供试品种中,以京优、凤凰51、京秀的结实性表现最好,京早晶、紫玉次之,京玉、京可晶再次(表4-1)。

表 4-1　薄膜日光温室栽培的各品种葡萄结实性统计

品　　种	定植数（株）	芽眼萌芽率（%）	结果枝与芽眼总数之比（%）	果枝平均果穗数（个）
京　优	24	96.7	41.20	1.43
紫　玉	24	68.8	26.60	1.15
京　玉	12	50.0	4.84	1.67
凤凰 51	12	58.6	35.70	2.76
京早晶	12	62.7	22.40	1.20
京　秀	12	65.5	29.30	1.15
京可晶	2	54.5	12.10	1.00

注:统计时间为 1993 年 4 月 2 日

在不加温的薄膜日光温室条件下,大多数供试品种于 5 月 1 日前后开花,6 月 9～15 日果实开始着色,7 月 10～18 日果实充分成熟,比露地的同一品种早熟 30～40 天(表 4-2)。

表 4-2　温室葡萄开花结果时间　　　　　(1993)

品　　种	始花期（月·日）	果实始着色期（月·日）	果实充分成熟期（月·日）	比露地的早熟天数(天)
京　优	4·29	6·9	7·15	30
凤凰 51	5·1	6·10	7·10	38
京　秀	5·30	6·12	7·13	—
京　玉	5·5	6·15	7·18	30

从上述试验结果可以看出,薄膜日光温室葡萄虽比露地早熟 30～40 天,但未能达到原计划要求的 6 月份下果的目标,也没有充分显示出日光温室早熟的优越性。分析其原因主要有二。①开帘升温太晚。直至 3 月上旬才开始开帘升温,因而推迟了芽眼萌发时间,使果实成熟期也相应变晚。根据这一

教训,我们已摸索出在不加温的薄膜日光温室条件下,元月月下旬开帘升温,在定植行基部两边铺上地膜,并合理控制好棚内温度,这样在北京地区达到 6 月份下果,已不会有什么困难,可做到比露地早熟 50~60 天。②地温上升太慢。这就推迟了催芽时间,从而使整个物候期后延。为了解决这一问题,我们于 1994 年利用日光温室原有的加温设备,在 60 米长、6 米宽的温室里于 1 月 12 日点燃了 3 个炉子开始升温,并与开帘升温相结合,在气温最低的季节,通过适当加一点温,来提高地温,以缩短催芽时间,这一措施很有效,达到了预期效果。待只利用日光和保温条件即能达到所要求的温度时,便可停火。开炉加温的时间一般持续 40~45 天即可。

为了搞清楚开炉升温后,薄膜日光温室内的气温和地温的变化情况,我们分别作了详细的观察和记录,现将结果介绍如下:

根据日本的生产经验,开始加温的前 3 周,要求温室内的气温和地温缓慢上升,其目的在于防止葡萄的地上部分和地下部分生长不协调。在开始加温的第一周,保持白天气温 15~20℃,夜间 5~10℃;第二周白天仍保持15~20℃,夜间提高到 10~15℃;第三周以后,保持白天 20~25℃,夜间 20℃左右。这样,有 20 天左右的时间,芽眼便可萌发。从我们实际统计的结果看,在第三周以后,气温就完全能够达到上述要求(表 4-3)。同时,地温也能达到葡萄根系生长的要求(表4-4)。

薄膜日光温室在短期加温后,大多数供试品种于 4 月中旬开花,5 月 25 日前后果实开始着色,6 月 15~25 日果实充分成熟,比露地的同一品种早熟 50~60 天(表 4-5)或更多。

表 4-3 温室内周平均气温统计(℃)　(1994)

日　　　期	周最低气温	周最高气温	周平均气温	备　注
第一周(1 月 12～15 日)	2.0	14	7.0	阴天
第二周(16～22 日)	4.5	25	12.5	晴天
第三周(23～29 日)	9.0	23	14.5	晴天
第四周(1 月 30～2 月 5 日)	12.5	34	24.0	晴天
第五周(2 月 6～12 日)	18.0	33	27.0	晴天
第六周(13～19 日)	18.0	35	27.5	晴天
第七周(20～26 日)	20.0	35	27.0	晴天
第八周(2 月 27～3 月 5 日)	20.0	34	26.0	晴天
第九周(3 月 6～12 日)	12.0	30	20.0	阴、多云
第十周(13～19 日)	13.5	29	22.0	晴天
第十一周(20～26 日)	12.5	30	20.5	晴天
第十二周(27～31 日)	14.0	26	22.0	晴天

注:每天 8,11,14,17 时分别记录 1 次

表 4-4 温室内周平均地温统计(℃)　(1994)

日　　　期	周最低地温	周最高地温	周平均地温
第一周(1 月 12～15 日)	−1	6.0	5.0
第二周(16～22 日)	2	7.0	6.0
第三周(23～29 日)	4	10.0	9.0
第四周(1 月 30～2 月 5 日)	8	15.0	13.0
第五周(2 月 6～12 日)	13	17.5	16.0
第六周(13～19 日)	13	16.0	15.0
第七周(20～26 日)	12	17.0	16.0
第八周(2 月 27～3 月 5 日)	12	19.5	17.0
第九周(3 月 6～12 日)	13	18.5	17.0
第十周(13～19 日)	15	22.0	19.5
第十一周(20～26 日)	13	22.5	20.0
第十二周(27～31 日)	17	24.0	21.5

注:每天 8,11,14,17 时分别记录距地表 15 厘米深处的地温

表4-5　加温温室葡萄开花结果日期　　　　　　(1994)

品　种	萌芽期 (月·日)	始花期 (月·日)	果实始 着色期 (月·日)	果实充分 成熟期 (月·日)	生长日数 (天)
京可晶	2·12	4·13	5·25	6·15	123
京　秀	2·15	4·17	5·25	6·20	125
京早晶	2·12	4·17	5·30	6·20	128
凤凰51	2·15	4·15	5·25	6·15	120
京　玉	2·22	4·20	6·5	6·25	123
紫　玉	2·22	4·13	5·30	6·30	128
京　优	2·22	4·10	5·30	6·30	128

注：1月12日开始加温，2月28日停火，前后共加温47天

　　上述试验结果表明，在最冷季节给薄膜日光温室短期加温，对缩短催芽期提早果实成熟，效果极为明显，可以达到6月份下果的要求。但能不能再提早些呢？我们在1995年将开炉加温的时间再提早10天，即过了新年，便开炉升温，还是在原温室开3个炉子，参试品种都提前约10天萌芽（表4-6）。

　　从表4-6可以看出，1995年在原有条件的基础上，只是把开炉升温的时间比1994年提早了10天，相应所有参试品种的萌芽期也都提早了10天或更多，大部分参试品种的开花始期也都提前近10天。但各品种的始着色期和果实充分成熟期没有提早，而与1994年的基本相近。不过，由于葡萄生长期延长，葡萄的果实品质有很大的提高（表4-7）。

表 4-6　加温温室葡萄开花结果日期　　　　　　（1995）

品　种	萌芽期 （月·日）	始花期 （月·日）	果实始 着色期 （月·日）	果实充分 成熟期 （月·日）
京 可 晶	1·29	4·8	5·22	6·20
京 秀	2·3	4·9	5·27	6·18
京 早 晶	2·1	4·10	5·26	6·20
凤 凰 51	2·3	4·8	5·26	6·20
京 玉	2·10	4·11	6·2	6·25
京 优	2·8	4·8	6·2	6·20

注：1月3日开始加温，2月28日停火，前后共加温56天

表 4-7　加温温室葡萄果实糖酸含量分析（％）　　　（1995）

品　种	6 月 16 日分析		6 月 26 日分析	
	可溶性固形物含量	含酸量	可溶性固形物含量	含酸量
京 可 晶	14.8	1.10	18.4	0.88
京 秀	16.0	0.83	18.4	0.71
京 早 晶	16.4	1.01	20.0	0.68
凤 凰 51	14.8	1.18	18.2	0.93
京 玉	14.8	0.66	15.5	0.71
京 优	14.0	1.25	16.8	0.93

从上表的分析结果可以看出，两次分析的时间相差10天，而6月26日葡萄的可溶性固形物含量比6月16日的普遍提高了15％～20％，含酸量却普遍下降了20％，使各品种的果实品质大为提高，培育出了优质高档的商品果。

在北京地区经过5年对设施内温度管理的摸索和试验，我们取得如下两条重要经验：

（1）日光温室要适时开帘升温，促进植株早日萌发　应用不加温的薄膜日光温室，要在6月份果实成熟，则开帘升温的时间，最好在1月20～25日，并在开帘前在种植行基部两侧铺上地膜，借以提高地温，促进植株早日萌发。我们于1997年在海淀、顺义等基地应用，都取得了较为满意的结果。

（2）加温温室要在最冷时开炉升温，缩短催芽时间　应用有加温设备的薄膜日光温室，要在全年气温最低的1～2月份，开炉升温，迅速提高温室内地温，缩短催芽时间，是使果实提早成熟、提高果品质量的重要措施。开炉加温的时间，最好在过了元旦以后就开始，一直持续到2月底，即加温持续时间最多为2个月。

2. 塑料大棚　从试验的13个大棚来看，种入的苗木虽然不是同一年种植的，但供试的京亚、京优、京秀、京玉、藤稔等5个品种都生长正常，并在定植后的第二年开始结果，其中特别是1992年定植的两棚京优和一棚京玉，1993年生长结果都很正常，京优平均每棚产量在500千克左右（其中约3/4为主梢果，1/4为二次果），从7月下旬开始产果，一直供应到10月底，品质优良，取得了较好的经济效益。京玉虽产量比不上京优（基本无二次果），但果实美观，品质优良，产值也不低。但这两个品种都在5月中旬前后开花，7月下旬到8月上旬果实充分成熟，比露地的只早熟15天左右（表4-8），与薄膜日光温室一样，也未能充分表现出大棚早熟的优越性，主要的原因也是对大棚前期的温度控制不好。

表 4-8　塑料大棚与露地葡萄开花和果熟时间比较　(1993)

品　种	设　施	开　花　期	果实充分成熟期
京　优	大　棚	5 月 10～14 日	7 月 25～30 日
京　优	露　地	5 月 25～28 日	8 月 10～15 日
京　玉	大　棚	5 月 19～21 日	8 月 1～5 日
京　玉	露　地	5 月 31～6 月 3 日	8 月 10～15 日

为了控制好大棚前期的温度,争取大棚葡萄比露地葡萄早熟 1 个月左右,于 7 月上旬或更早一点成熟,我们于 1994年 2 月下旬在行间施有机肥,浇水,3 月 5 日葡萄出土,就地加盖小拱棚升温,并使小拱棚内的气温控制在 25～30℃,如果超过 30℃,则需揭膜通风降温引起高温障碍。同时,要特别注意防止大棚两边和两端的萌发植株,在寒流到来时,遭受霜冻,以免影响产量。加盖小拱棚升温后 10～15 天,芽眼即开始萌发,3 月底即展叶,此时即可上架,并将小拱棚膜铺于地面。这样做的结果,大棚葡萄可以在 7 月上旬前后成熟上市,达到原定的预期目标(表 4-9)。

表 4-9　京优在不同条件下的物候期　(1994)

设　施	萌芽期 (月·日)	始花期 (月·日)	果实始着色期 (月·日)	果实充分成熟期 (月·日)	生长日数 (天)
日光温室	2·22	4·10	5·25	6·25	123
塑料大棚	3·15	5·3	6·15	7·15	122
露　　地	4·12	5·25	7·10	8·10	119

在北京地区 5 年的试验表明,应用塑料大棚于 7 月上中旬生产出优质葡萄是完全可能的,但在设施内的温度管理方面必须注意如下两点:

（1）注意防冻害，促进早萌发　塑料大棚的气温与露地的一样，存在明显的季节差异。在我国北部地区，12 月下旬至翌年 1 月下旬是露地气温最低的季节，也是棚内气温最低的时期，两者相差也就 2～3℃，即棚内气温略高于露地气温，多数地区的旬均温都在 0℃ 以下，不但不能生产葡萄，而且为了使葡萄植株免受冻害，在大棚栽培还需要进行简易埋土防寒。2 月下旬至 3 月中旬，棚内气温明显回升，旬均地温可达 10℃以上，此时，可尽早安排葡萄出土，扣小拱棚升温，促进芽眼早日萌发。

（2）注意保持棚内各处温度均匀　塑料大棚内的气温分布不均匀，常常是棚的中部和中南部偏高，北部和边缘偏低，并在北部和边缘出现霜冻。为了解决这一问题，最好在扣小拱棚升温前，在大棚北头外边立一张蒲席，夜间在棚外东西两边张挂蒲席保温。这样，不但能提高大棚内气温的整体水平，而且还可防止北部和边缘的霜冻。

五、大棚、温室葡萄栽培的土肥水管理

（一）土壤管理

一般说，葡萄对土壤的适应性广，除重盐碱土外，在其他类型的土壤上都能生长。但保护地是集约栽培的场所，为了充分利用设施内的土地和空间，提高经济效益，保护地葡萄栽培多采用小株密植与葡萄行间间作的形式，土地利用率高，因而对棚内的土壤也提出了更高的要求。保护地葡萄栽培要求有机质含量高，土层深厚、疏松、肥沃，通气性好，保水力强，排水好的砂壤土和壤土。粘性土壤地温上升慢，发挥肥效迟，常影响促成栽培的效果,应适当加以改造。

保护地葡萄栽培除在种植前,开深沟分层施入大量优质有机肥和过磷酸钙作基肥外,每年在采果后,还应结合行间深翻,施入优质有机肥,为葡萄根系的生长发育创造良好的土壤条件。

(二)肥料管理

为了生产绿色食品,保护地葡萄所用肥料,应以腐熟的有机肥(如禽粪、羊粪、饼肥等)深埋作基肥为主,而不用化学肥料。在葡萄生长发育的过程中,只要前期植株生长正常,无缺肥(叶片小、叶色淡、新梢细弱、节间短等)和徒长(叶片大、叶片薄、新梢过粗、节间长等)表现,可不施追肥,直到果实膨大期开始,每隔 10 天左右连续喷施磷酸二氢钾 3~5 次(浓度均为 0.3%),以增加和满足葡萄植株对磷、钾肥的需要。这对增强植株的抗性,提高果实的含糖量,促进浆果着色与枝条成熟都有好处。如果前期发现有缺肥表现,则可及时追施硝铵或尿素(每株 25~50 克),或喷施 0.2%尿素溶液 2~3 次(7~10天 1 次)。若发现徒长,则须控制氮肥和灌水量。应该注意,由于保护地内高温多湿,光的强度又减少,其中的葡萄新梢比露地的较易于徒长,所以要注意控制保护地葡萄的氮肥施用量。

为了防止保护地葡萄采收后叶片老化,不使叶片早落,可在葡萄采收后,在叶面喷洒 0.2%~0.3%尿素溶液。这样,可以增加叶片中叶绿素含量,提高光合作用能力,防止早期落叶。

保护地葡萄在 9 月上中旬可结合秋耕施入基肥,这对恢复树势很有好处。基肥应施入大量(每亩 3 000~4 000 千克)优质有机肥,如堆肥、已发酵的禽粪等。保护地葡萄易缺硼,造成花粉分化不良,花冠不落,授粉作用受阻,果粒多发育成小粒无核果,影响产量。可在冬季,每亩在地表撒施硼砂1.5～2.0千克,或在开花前1周喷洒0.1%～0.3%的硼砂液。

(三)水分管理

保护地葡萄的水分管理非常重要。设施内的湿度不但对葡萄的生长发育,特别是对催芽、坐果和果实品质的影响很大,而且对控制棚内病害的发生,培育绿色食品关系十分密切。因此,水分管理既要与葡萄的生育期相适应,尽量满足不同生育期对水分的需求,又要尽量降低棚内的空气湿度,以形成减少病害发生的环境条件。

葡萄萌芽期要求高温多湿的环境,需水量多,土壤含水量宜达70%～80%,所以在升温催芽开始时,要灌1次透水,并在水分下渗入土中后,松土深10厘米左右,弄平,再铺上地膜(植株基部两边各铺约50厘米,共宽约1米左右)保水,以不断供给深层根系所需水分,并可提高地温。此时,棚内空气相对湿度应保持在70%～80%。这样,葡萄发芽快,萌发整齐。新梢生长期为防止新梢徒长,利于花芽分化,要控制灌水,注意通风换气,使棚内的空气相对湿度降至60%～70%。开花期前后,为保证开花散粉的正常进行和减少病害发生,要求空气干燥,因而不需灌水,并经常通风换气,使棚内的空气相对湿度降到50%～60%。果实膨大期需水量大,为了促进果粒迅速增大,在果坐好后的25天以内,可灌1～2次透水,使土壤含水量达到70%～80%,棚内空气相对湿度控制在70%左右。果实着色期开始,直至采收期以前,要停止灌水,以利于提高果实的含糖量,促进着色和成熟,防止裂果,棚内的湿度应控制在 60% 左右。植株落叶并修剪后,要灌 1 次冻水,以防冻和冬季土壤干旱,使棚内的葡萄植株安全越冬。

保护地内湿度的调控,主要通过灌水增湿,以铺膜和通风换气来降湿。棚内湿度过大时,则应加大通风口,换气降湿,或在灌催芽水后,在地面铺盖地膜,以减少水分蒸发,降低棚内湿度。我们要在保护地内造成一种适宜温度和尽可能低湿度的小气候,这是避免保护地葡萄病害发生的关键。

我国广大北方地区上半年一般晴天多,阳光充足,设施内的温度上升快,同时,下雨少,空气干旱,给设施内温度的调控提供了极为有利的条件。因此,只要根据葡萄各生育阶段对土壤水分、空气湿度和温度的要求,综合调节保护地内的温度、湿度环境,上述要求的小气候条件是可以达到的,并已为我们 5 年的试验所证明。

六、大棚、温室葡萄的新梢管理

一般说,大棚、温室葡萄的新梢管理与露地葡萄的新梢管理大致相同,但应注意防止新梢徒长或生长不整齐,以便稳定树势,提高产品质量。

(一) 抹 芽

大棚、温室内葡萄的新梢生长常不整齐,不利于植株的统一管理,为了使保留的新梢尽量整齐一致,抹芽的时间应适当晚一点。这样可以避免过早地把弱枝抹掉,剩下的必然只是旺长的徒长枝,当然也不要等到最后一起干,一般要等待新梢能分清强弱、辨认出花序有无和大小时进行;也可以因地因树分批按高度进行。抹芽时,要去掉过强和过弱的新梢,保留生长较适中的结果枝结果。但对有碍整形、表现徒长和无用的萌发新梢应尽早抹去,以节约养分。不过,冬剪时,结果母枝剪得短(留1～2芽)、留得多的,可早点抹芽,因为在这样的修剪条件下,一般萌芽较多,萌发新梢的生长也比较整齐。

(二) 定　梢

定梢是确定架面上新梢负载量的措施,留枝的多少会直接影响到葡萄果品的产量和品质。大棚、温室葡萄的产量一般要比露地的控制得更严,单位架面的留枝密度,要比露地的减少1/3左右。

根据我们的试验,大棚、温室内的欧亚种品种,每亩产量以定在750～1 000千克为宜。在冬剪时,每平方米架面可留6～7个结果新梢(每亩有结果新梢2 400～2 800个),每个结果新梢留1个果穗,果穗要求平均重350克左右(这里有一个观念也要改变:即市场并不要求1 000～1 500克或更大一些的大葡萄穗,而是要求果粒大,果粒均匀,每穗重350～500克的葡萄穗)。而大棚、温室内的欧美杂交种巨峰群品种,每亩产量以定在1 000～1 250千克为宜,每平方米架面可留5～6个结果新梢(每亩有结果新梢2 000～2 400个),按顶端壮枝留两个果穗,中等枝留1穗,弱枝不留果,果穗平均重为350克左右。按上述标准留枝定梢比较合适。如留枝和结果过多,则将引起着色推迟、糖度降低、成熟推迟、品质下降的后果。所以,定梢留枝不要过密,一般篱架结果新梢之间的距离以15～20厘米为宜,以保证架面的通风透光和果品的质量。

(三) 引　缚

大棚、温室葡萄一般种植密度大,新梢生长迅速,当新梢长至 40 厘米以上时，常相互重叠，应及时将其引缚在架面上，使棚内的通风透光条件一直保持良好状态，切忌放任新梢自由延伸和无限制地向行间扩展。否则势必形成新梢密集，叶片功能变差，养分消耗多，通风透光不好，病害虫害蔓延，引起不良后果。因此，保护地葡萄比露地的更要重视引缚，一定要按整形的要求，将所有保留新梢在架面上绑好。

（四）摘心和副梢处理

结果新梢一般须在花前 5～7 天摘心，以提高坐果率，对落花落果较重的巨峰品种群的品种更要如此。摘心强度和露地的一样，一般在花序以上留 4～6 片叶摘心，摘心后，萌发出的副梢除留新梢顶端 2 个延长，以扩大叶面积外，其余的全部抹去。如果计划利用冬芽结二次果，则可在 6 月上中旬，将上述保留的顶端 2 个延长副梢剪去，逼使剪口下的冬芽萌发结果。通常在延长副梢剪去后 10～13 天，剪口下的 1～2 个冬芽即可萌发成二次结果枝。二次结果枝的摘心宜早宜重，一般在花序以上只留 1 叶，待所留 1 叶叶腋副梢萌发后，再将花序以下副梢全部抹去，花序以上所留 1 叶叶腋中萌发的副梢延长，以扩大叶面积。

对一些结实率很高的欧亚种品种（如京秀、京玉、凤凰 51 等）若仍按上述时间和方法进行摘心，则所结果实又大又紧，1 穗葡萄可重达 1.0～2.5 千克或更大，但其果粒相对变小，不符合高档果品的要求。为了解决这一问题，对这些品种可在花后摘心，甚至暂不摘心，让它多落掉一些花，多落掉一些果，待果实坐住后再进行摘心。

另外，在培育幼龄植株时，为了促进主蔓加粗生长及使主蔓上芽眼分化好花芽，一般对每节副梢留 1～3 叶摘心，以后各次副梢萌发后，均留 1 叶反复摘心。这种方法虽能达到预期效果，但多次反复摘心，需要大量的劳力。后来，我们试用了原北京农业大学葡萄教研组提出的留单叶绝后处理法，即主梢摘心后，除摘心口下的顶端副梢保留 3～5 叶摘心外，对叶腋中的其他各副梢均留 1 叶摘心，同时将该叶的腋芽掐除，使其基本丧失发生二次副梢的能力。这样处理虽比将副梢完全抹去，略费事一些，但增加了一倍数量的叶片，它们对增粗主蔓，促进花芽分化很有好处，且可以免除以后的副梢多次反复摘心。这一方法对保护地葡萄栽培来说，还具有保证通风透光，促进果实着色，提高风味品质的良好作用，应很好地应用。

七、大棚、温室葡萄的果穗管理

大棚、温室生产的葡萄，对果穗的形状、果粒的大小和整齐度、着色情况和风味品质都有较高的要求，甚至把果皮上完好的果粉也作为果穗品质的重要条件之一。因此，如何管理好大棚、温室葡萄的果穗，生产出形色美观、粒大而匀、品质风味好、符合绿色食品要求的高档商品果，是保护地葡萄生产中的一项极为重要的任务。为完成这一任务，必须根据树势，做好疏穗、果穗修整、疏粒等工作。

（一）疏　穗

它是在经定梢确定了整体新梢负载量的基础上进行的，也是调整和控制葡萄结果量、提高浆果品质的有效措施之一。疏穗管理工作的好坏，直接影响当年的果实品质、果粒大小和着色。一般来说，保护地葡萄，不管是欧亚种品种，还是欧美杂交种品种，每个健壮结果枝（包括壮枝和中庸枝）只保留 1 个果穗,多余的花序应及早疏去。

还要说明,许多品种的结果枝,常带2个或2个以上花序,势必要疏去一半或更多的花序,不要舍不得,留多了养分分散,果品质量就差。但又如何选留呢?留大的还是留小的?实践表明,留小的比留大的有利,主要是留小的有利于进行果穗修整。

(二)果穗修整

又叫修穗或整穗。是防止流入花序中的养分分散,造成坐果率低的技术措施,也是培养穗形美观、提高果实商品价值不可缺少的技术措施。这对落花落果严重和坐果稀疏的大粒品种尤为重要。

大家都知道,一个大粒品种葡萄的花序,一般都着生有300~500朵小花,有的还要多些,在自然开花的情况下,由于流入花序中的养分有限,花序中各部分对流入的有限养分又互相争夺,势必造成养分分散,绝大部分小花形不成好果,在开花后几乎全部落掉,因而,得不到很好的果穗。若是在开花前,通过人工干预,疏去50%~60%,甚至70%~80%的花朵,使有限的养分集中供应剩下的一小部分花朵,让其开好花、坐好果,必能提高坐果率。同时,由于整穗,人为地使花序变小,形状变成圆锥形,坐果后果穗形状必然整齐美观,果粒着生也较为紧凑,必将提高果实的商品价值。因此,整穗不但要和果穗整形相结合,而且应将整穗的重点放在果穗整形上。当然,整穗是一项十分精细的技术操作,要花费不少时间和劳力,但整穗给我们带来的却是高效益,在这个关键地方多花点时间和劳力,是很合算的。

果穗修整的具体方法是:在开花前1周左右进行。先将花序上的副穗掐去,再根据花序的大小,把主穗上的大分支掐去2～3个或4～5个,并将主穗的穗尖掐去(掐去整个主穗长度的1/5～1/4)。然后再对花序进行整形,即把对将来形成果穗有不良影响的过长的花序小分支,根据情况掐短1/3～1/2。最后使修整过的花序保有14个左右的小分支,花序的外形呈圆锥状即可。

(三) 疏 粒

是将果穗上的小果粒和畸形果粒疏去,并通过限制果穗的果粒数,使果粒增大,颗粒均匀,果穗整齐美观,提高果实的商品价值。具体方法是:在果实膨大期先把小果粒疏去,保留大小均匀一致的果粒,再将影响穗形的、过密的果粒剪去,个别突出的大果粒也要疏去。如巨峰种群这一类的大粒品种,使每穗保留30～35粒即可,最多不超过40粒。若是欧亚种的大粒品种,每穗保留40～50粒即可,最多也不要超过80粒。这样培养成的果穗,将是比较理想的果穗,符合高档商品果的要求。

(四)果穗套袋

目的在于保护葡萄果穗不受尘土、农药、泥土等污染,是生产绿色食品葡萄必不可少的技术措施。现在在日本鲜食葡萄生产中,不论是保护地栽培,还是露地栽培,都广泛应用套袋,而且商店里有各种规格的纸袋出售,非常方便。经套袋的葡萄,果面清洁美观,果粉比较完整,符合高档商品果的要求。

套袋一般在疏粒后进行。套袋前,应对已疏好粒的果穗喷1次200倍的半量式(1∶0.7∶200)波尔多液,把果穗上附着的病菌全部杀死,待果面药液风干后,即可将袋套上。纸袋应采用白色、薄而结实、不易破裂的纸来制作,袋长一般 25～30 厘米,宽 17～20 厘米,视果穗的大小而定。套好后,袋子的上口要扎紧,并固定在老枝上,下口的两角要分别剪一个小洞,以便袋内空气流通。

八、一年收两茬葡萄的生产安排

为了提高大棚、温室葡萄生产的效益,实行一年两熟栽培,收获两茬葡萄,已在生产实践中证明是完全可能的。在北京地区第一茬葡萄在 6 月中旬前后上市(薄膜日光温室生产的),或 6 月下旬至 7 月上旬上市(塑料大棚生产的)。第二茬葡萄的成熟期最好安排在国庆节和中秋节前后上市,因为这两个节日期间,人们都有吃葡萄的习惯,而露地生产的葡萄旺季已过,正是保护地第二茬葡萄上市的黄金季节。同时,第二茬葡萄下树以后,棚内的葡萄植株还有一段恢复树势的时间,有利于葡萄植株下一年的生长和结果。如果还想要推迟上市,也可以让葡萄在树上再挂一段时间,但最晚不要晚于 10 月底采收,以免影响下一年的正常生长和结果。

在具体方法上,如果计划利用夏芽副梢结第二次果,则可选留 6 月中旬前后萌发的健壮二次或三次副梢结果。若是计划诱发冬芽二次梢结两次果,则诱发冬芽的时间应安排在 6 月上中旬,因为诱发冬芽后 10～15 天芽眼才能萌发,从芽眼萌发到开花约需 20 天,开花后到果实充分成熟还需要 70～75 天。这个时期诱发冬芽,不但逼出的冬芽两次梢都能带有较大的花序,而且其果实的充分成熟期正好在中秋节和国庆节前后。

应该注意的是,在第二茬葡萄尚未完全成熟时,气温即开始下降,有些寒冷地区就要扣膜了。扣膜后,为有利于果实和枝蔓的成熟。棚内温度的控制,先按白天 30℃,夜间 20℃ 左右掌握。为了促进果实含糖量的提高和果实的着色与成熟,后期要加大昼夜温差,将夜间的温度下降到 15℃ 或更低些。

九、大棚、温室葡萄的病虫防治

大棚、温室栽培葡萄不但能避免一些气象灾害,如低温冻害、早霜或晚霜为害、雹灾等,而且能减少葡萄病害。因为导致葡萄病害发生的病菌,大多是靠雨水为媒介而传播的,保护地内的葡萄植株不直接接触雨水,即使有的叶片或果实落上了病菌孢子,但由于没有雨水,病菌孢子难以萌发,因而减少了病害的发生,喷药的次数也可以相应地减少,这是保护地葡萄防治病害有利的一面。我们在中日设施园艺场 5 年的实践证明:只要保持棚内地面清洁,保证架面通风透光,并合理调控棚内的温度、湿度,以减少病源和控制其发病的条件,可以在温度高、湿度大、易发生病害的保护地内,在北方早熟葡萄生产中,避免主要病害的发生,完全能够在结实期间不喷农药,生产出无农药污染的绿色果品来。

在保护地内一些害虫,如红蜘蛛、二星叶蝉、蓟马、葡萄锈壁虱、葡萄粉蚧等,发生比露地的多,应很好地加以防治。

首先,在萌芽前,要剥去成龄植株主蔓上的老皮,以消灭在老皮里越冬的害虫成虫和虫卵,以及病菌和病菌孢子(剥下的老皮要用报纸或塑料布接着,便于集中烧掉,不要撒在地面上)。

在萌芽期芽眼鳞片裂开时,喷 3～5 波美度石硫合剂加 0.3％ 洗衣粉,以彻底消灭越冬虫卵和病菌孢子。喷药时,不要把药液喷到薄膜上，以免薄膜沾上药液，影响阳光的透射。埋土防寒的大棚葡萄，在出土后暂不上架，待就地喷完药后，再进行其他作业。这样，既不会使农药污染薄膜，又将地面喷了1次药，使棚内的越冬病菌、虫卵消灭得更彻底。未埋土防寒的日光温室葡萄，也可先下架，将枝蔓顺方向平铺于地面上喷药，喷完后再上架，虽花点工夫，但效果好。自这次喷药以后，要利用北方的光、热、旱等自然资源，加强管理，很好控制棚内温度、湿度，在葡萄生长结果的上半年，立足于不喷农药，生产绿色食品葡萄。只要加强管理，这个目标一定能实现。不过也要作第二手准备，万一在葡萄生长结果期间，出现某种病害或虫害，最好利用保护地前期的密闭条件，在夜间用烟雾剂农药进行密封熏蒸，以杀死病菌、害虫和虫卵。

根据我们几年来的观察和调查，大棚、温室葡萄栽培中常出现的病害种类与露地栽培中所出现的种类完全一样，但危害程度要轻得多。其主要病害还是霜霉病、白腐病、黑痘病、炭疽病等。有资料介绍，保护地葡萄栽培中灰霉病的危害程度比露地的严重得多。在日本，灰霉病的严重性已到了被称为"葡萄保护地病"的程度。不过，在我们的5年试验中，无论在日光温室里，还是在塑料大棚内，都没有发现灰霉病的危害（而露地葡萄园中有灰霉病的危害，但也不算严重）。虽然如此，但也要引起我们在保护地葡萄栽培中对灰霉病的高度重视和警惕。

为了做好大棚、温室葡萄病害下半年的防治工作，除继续加强植株管理和大棚、温室内经常清洁外，在主梢果采收完毕后，要开展以重点防治霜霉病为中心的综合防治，保护好植株叶片，促进植株营养积累，为下一年的丰产奠定坚实的基础。要抓紧在7月上旬喷50％瑞毒霉（即甲霜灵）1 000倍液1次，

7月下旬喷50%瑞毒霉加70%代森锰锌2 000倍液1次。在此期间或稍后一段时期内,如发现仍有二星叶蝉、葡萄红蜘蛛、葡萄粉蚧、葡萄锈壁虱等害虫危害,则可喷40%乐果乳油1 500倍液一遍。喷药多喷叶背,要求喷细致一些,以便一遍药就把这些害虫消灭净。

十、大棚、温室葡萄的越冬管理

当气温逐渐下降,早霜即将来临,葡萄叶片由黄化到脱落,这预示着植株很快就要进入冬季休眠。为了使大棚、温室内葡萄安全越冬,必须做好如下工作。

(一)冬季修剪

大棚、温室葡萄的冬季修剪,与一般露地葡萄的冬剪基本相同,但在具体修剪方法上,又略有差别。那种讲究树形,留枝偏少(每平方米架面内留6~8个结果母枝),以中剪为主(每个结果母枝一般留4~5个芽)的方法,如果应用到大棚、温室葡萄栽培上来,则常常会出现芽眼萌发不整齐,新梢生长强弱不齐,势必给管理上带来一些困难。实践证明,大棚、温室葡萄的冬季修剪,应将结果母枝剪得短一些,留枝数要适当多一些,这样就比较容易把新梢长势调整得整齐一些。大棚、温室葡萄的冬剪方法是:不过多地强调树形,要因树制宜,除主蔓延长枝根据扩大架面的需要适当长剪外,对其他的结果母枝一律采用短梢修剪,即每个结果母枝留2~3个芽,留枝数要适当增加一些,即每平方米架面留10~12个结果母枝。

冬季修剪的时间应在葡萄叶片落完后进行,但由于各地气候条件不同,具体修剪的时间会有些差异,在我国北部地区可于 10 月下旬至 11 月上旬进行,修剪结束时间最迟不应晚于 12 月上旬。

(二)埋土防寒

冬剪结束后,先将用作翌年繁殖的插条按 50 支或 100 支捆好,挂上品种名,沙埋室外贮藏。再把无用的枝条、叶片及病枝、烂果等打扫干净,清出棚外,集中烧毁。然后给葡萄植株灌一遍冻水。在气候较暖的华北地区,保护地内冬季最低气温在 -10℃ 以上,薄膜日光温室内葡萄不需埋土防寒,只需将蒲席覆盖在塑料薄膜上,让葡萄植株在黑暗低温条件下充分休眠越冬。但塑料大棚内冬季的最低气温可下降到 -15℃ 以下的,虽然出现这种低温的时间不算很长,为了保证大棚植株的安全,在浇冻水后,必须埋土防寒。埋土的厚度,有 10~20 厘米即可安全越冬。

在黑龙江、吉林、内蒙古等冬季严寒地区,保护地内冬季最低气温多在 -15℃ 以下,经冬剪、清扫、灌水后,必须埋土防寒,才能安全越冬。防寒时,先将植株主蔓顺放在种植沟内,在根颈处垫上枕头土,以免折断主蔓,随后将枝蔓捆好,让其紧贴地面,再在枝蔓上盖两层草袋片,经 1 周左右的抗寒锻炼后,在草袋片上覆土 10~20 厘米,或在草袋片上盖一层塑料薄膜,薄膜周边用土封严,有条件的地区,在薄膜上再盖上 20 厘米的树叶,便可以安全越冬了。防寒做好以后,把整个棚膜盖好、修补好,把棚的门封严,等待来年上架,升温。

第五章　大棚、温室葡萄栽培中要注意的几个问题

大棚、温室葡萄栽培虽向人们展示了很高的生产效益和美好的发展前景，但它在我国毕竟还是一项新兴的产业，有些栽培技术措施还需进一步探索和总结，在思想认识上、管理措施上也还存在一些问题，需要在实践中逐步加以解决和完善。

一、面向市场，生产优质葡萄

随着改革开放的日益深入，人民生活水平的日益提高，人们对市场优质葡萄的要求越来越高。以前那种盲目追求产量，不考虑产品质量，生产的葡萄"黑奥林"不黑、"红富士"不红，以及"有葡萄吃就好"的日子已成为过去。因此，充分利用保护设施，积极生产品质好、商品性高的葡萄，是目前及今后保护地葡萄栽培的方向和主要任务。

大棚、温室葡萄栽培的目标，就是以提高葡萄品质为重点的集约栽培。它是利用大棚、温室设施的优越性能，根据葡萄生育期间的需要，创造最佳的环境条件，以便把品种固有的优良特性充分发挥出来，生产出穗粒形色美观，果实的品质和风味都好的高档产品来。

为了实现大棚、温室生产优质葡萄的目的，首先要树立新的生产观念。这里要着重强调处理好如下三个关系。

（一）处理好优质与产量的关系

到目前为止,人们仍一直习惯于过于追求产量,一开口就问:"1亩保护地能产多少葡萄?"而对保护地葡萄质量怎样,考虑得就不那么多了。现在要树立一个新的观念,要把质量放在首位。就是要先考虑质量,再考虑产量。根据我们几年来的试验,1亩保护地的葡萄产量,以稳定在750～1 000千克为宜。在这样的产量下,可以生产出优质产品,使产量和质量得到比较理想的统一。切忌盲目追求产量,造成着色不好、成熟推迟、酸高糖低,而严重影响果实的品质。

（二）处理好果穗的大与小的关系

在葡萄生产中,有的习惯于从表面现象看问题,认为大穗比小穗好,穗越大越好。有人把京秀果穗培养成1.0～1.5千克一串,也有的把京玉果穗培养成2～3千克一串。这样的果穗真不小,产量也不低,看上去也很壮观,要在水果店里挂上2～3串,倒也很气派。但是,果穗大了给消费者带来不便,更严重的是影响了果品质量。如果粒相对地变小了,大大小小不均匀了,果穗着色不一致了,糖分降低了,甚至有的果粒极度紧密都被挤破了,随之会招引不少蜂、蝶、蝇、金龟子等虫前来采食,进而引起葡萄病害的发生。而市场要求的高档葡萄要粒大而均匀,松紧适度,穗重在500克左右,着色均匀一致,含糖高,含酸低,美味可口。如果能按市场的需要,加强疏花序、修整果穗、疏粒等一系列果穗管理,则果品质量将大为提高,就能符合市场的要求,因而取得较好的经济效益。高级市场并不要求大而紧的葡萄穗,而喜欢粒大而匀、松紧适度的中等葡萄穗。

（三）处理好采收期的早与晚的关系

采收是葡萄生产中的一项重要工作。为了保证保护地葡萄品质，采收必须及时、细致、轻拿轻放。若采收过早，则浆果的成熟不够充分，着色不良，含糖低，含酸高，未形成本品种固有的风味和品质。我国目前不少地区保护地葡萄一般都采收过早，无论是果实外观，或是风味品质均未完全表现出该品种的特性，这不但降低了产品的信誉，而且市场售价也受到影响。

保护地葡萄是高档果品，一定要在最佳成熟期采收。根据我们的经验，最佳成熟期的鉴别标准有三：①着色良好，表现出该品种固有的色泽，并有完好的果粉；②浆果含糖在 17％左右，糖酸比合适，风味好，表现出该品种的典型风味；③种子呈褐色。

如果按现在各地的采收期再延后半个月即可达到最佳成熟期，这时，浆果表现全面着色，酸低糖高，品质提高，能全面达到高档商品果的标准。在采收时，应尽量避免手接触果面，以免擦去果粉，影响外观。

二、发挥设施功能，控制好棚室内温度

关于大棚、温室设施内的温度管理，已在本书第四章作了重点叙述，但仍有几个问题，还需加以说明。

（一）使棚室内气温与地温同步上升

棚内的气温上升快，而地温上升慢。实践表明，保护地葡萄的地上部分随着棚内气温的升高，依靠植株体内贮存的养

分,开始萌芽、展叶,直至新梢生长。而地下部分则因地温上升慢,达不到根系活动要求的温度(一般地温达到12℃左右,根系才开始活动,到了15℃以上,根系的生长才活跃起来),根系仍未开始活动,这就造成地下部分根系的生长跟不上地上部分枝蔓生长的需要,即地上部分前期生长所需的养分,得不到来自根系吸收的补充,使植株的生育突然衰弱下去。为了解决这一问题,我们采取了在棚内铺地膜、搭小拱棚等措施来提高地温,这对薄膜日光温室有明显的效果,但对塑料大棚来说,搭小拱棚、铺地膜虽也有一定效果,但仍未能从根本上解决这一问题,对此仍需作进一步研究。

(二)使棚室内各处的温度均衡一致

棚内温度难以均衡一致,植株的生长发育不易整齐。北方冬季棚外的气温很低,因而造成棚内近边缘处的温度偏低,中心部分的气温高些,有时棚的上部和下部的气温也不一致,严重的棚内上部温度超过30℃,并已产生高温障碍,而棚的下部温度还没有达到要求,因而造成植株生长发育进程的差异。为了解决这一问题,首先要控制好棚内的温度,并采取必要的措施,尽可能地使棚室内各处的气温均衡一致。

(三)使棚室内温度与葡萄各生育期的需要相一致

棚内植株的萌芽和新梢生长很不整齐。这是保护地葡萄栽培中常见的现象,造成这种现象的原因很多,除棚内温度不一致外,还有如下几种情况要引起注意。

1. **注意树体培养**　葡萄是多年生植物,当年枝条成熟的好坏,对下一年芽眼萌发的早晚、萌发的整齐度都有直接的关系。如果头一年树体培育不理想,枝蔓成熟不充分,那么第二年植株的生长发育就会有很大的差异。因此，要特别注意树体的培养，要使枝蔓充分成熟。

2. **注意休眠期与萌发期的衔接**　植株的自然休眠尚未结束，虽然温度适宜，芽眼亦不会萌发。在自然条件下，葡萄的芽眼从9月份开始进入休眠状态，10月中旬进入最深休眠期。处于休眠状态的芽眼，要经过一定的冬季低温（一般认为，需要经过冬季7.2℃以下的低温1000～1500小时，即2个月的低温期）才能解除。日本资料介绍，在日本，一般品种的休眠结束时间在1月下旬至2月中旬，在这以后，只要温度适合，任何时候芽眼都能萌发，而且萌发快，萌发整齐。如果休眠尚未解除就升温，芽眼就不易萌发，形成发芽不整齐，发芽时间长。所以，在2月中旬以后升温的，其自然休眠已告结束，芽眼萌发快而整齐，如在2月中旬以前升温，升温越早，芽眼萌发越不整齐，因此，必须采取解除休眠的措施。

根据我们的经验，在自然条件下，在北京，葡萄芽眼于9月份进入休眠期，经过11～12月两个月的低温期，一般品种的芽眼可不加任何处理，自然休眠即能解除。我们的薄膜日光加温温室的葡萄，在元旦过后的第二天（1月2日）开炉升温，6个品种的平均萌芽率为72.55%，其最低萌芽率也达到67.1%，而且芽眼萌发快而整齐，新梢生长也整齐，和一般的正常植株一样。在不加温的薄膜日光温室于元月20～25日开帘升温，也取得了同样的效果。因此，在我国北方，元旦以后开始升温的，葡萄的自然休眠已告结束，可以不采取打破休眠的措施。

目前，日本解除葡萄休眠的方法有二。一是用石灰氮（氰氮化钙）1份加水4份，混合搅拌后放两小时，用纱布蘸其澄清液涂抹整个结果母枝（包括芽眼），使其湿遍。实践表明，在年前深休眠期用此法处理,对打破芽眼休眠有显著效果。二是用苯六甲酸氢原液,或稀释 2 倍液涂抹,在当年年初处理效果好。还有资料介绍,我国台湾省有的用乙烯氯醇 5～10 倍的溶液,在根部活动旺盛时期(生长期)涂抹枝条,涂后 7～15 天,即可看到芽眼萌发。

3. 注意按葡萄各生育期的需要调整棚室内温度　催芽期的温度骤然升高,会引起高温障碍,造成芽眼萌发不齐。一般欧美杂交种品种催芽期的棚温应控制在 20℃左右,以后慢慢提高到白天 20～25℃,夜间 15～20℃。欧亚种品种可适当提高 3～5℃,达到白天 25～30℃,夜间 20～25℃,超过 30℃以上,就容易出现高温障碍。花期的最适温度:欧美杂交种品种为 20～25℃,30℃时,基本坐不住果。欧亚种品种为 27～28℃,这种温度坐果最好(花期温度高了,易引起落蕾落花)。果粒增大期的最适温度:欧美杂交种品种为 20～25℃,而以22℃最好,欧亚种品种以 27～28℃最好。果实着色期以 28℃最好,30℃以上易引起高温障碍,表现着色慢,着色不好。所以,应很好地控制棚温,力求避免高温障碍的出现。

三、实行间作,提高生产效益

为了提高大棚、温室设施内土地和空间的利用率,搞好棚室内间作,以增加经济收益,是非常必要的。但是,必须做到既能充分利用设施内的土地和空间,又不影响棚内葡萄的生长和结果。葡萄种植后的头一二年,植株还小,可充分利用行间种植草莓、蔬菜等生长期短的矮秆作物。

(一)间作草莓

一般在 10 月底栽植。移栽前,行间先施肥、翻耕并整细土块,做成 45～50 厘米宽的垄,并覆盖地膜,然后将培养好的草莓苗,按 15～20 厘米的株距,带土坨移到温室内,定植后浇足定根水,经短期缓苗,即进入休眠。春季保护地内的气温和地温升高,草莓便开始萌发生长,3 月中旬开花,4 月下旬即可采收上市。采收后,将草莓植株移到露地继续繁殖,秋季再移入温室栽培。

(二)间作蔬菜及葡萄种苗

间种作物应选用植株矮小、生长期短、经济价值较高的种类。根据各地的经验,认为以油菜、生菜、水萝卜、樱桃萝卜等作物间作为好。

从第三年开始,葡萄植株已长大,行间郁闭,继续间作就有困难,最多只能利用葡萄植株尚未全部展叶前的这段时间,间种 1～2 茬生育期短的蔬菜。切忌在葡萄大棚、温室内种植高秆作物和爬蔓蔬菜,或生育期长的蔬菜,因为这会影响葡萄的正常生长发育,并容易引起棚室内病虫害的发生。

参考资料

1.《果树设施栽培》,孟新法等编著,中国林业出版社,
1996

2.《塑料棚温室种菜新技术》,朱志方主编,金盾出版社,
1993

3.《葡萄学》,贺普超、罗国光编著,中国农业出版社,1994

4.《葡萄栽培》,傅望衡主编,中国农业出版社,1990

5.《葡萄生产技术大全》,严大义主编,中国农业出版社,
1989

6.《葡萄栽培技术》,李翙远编著,中国农业出版社,1988

7.《南方巨峰葡萄栽培技术》,陈善德编著,上海科学普及
出版社,1988

8.《葡萄品种彩色图谱》,黎盛臣主编,沈阳出版社,1989

9.《盆栽葡萄与庭院葡萄》,黎盛臣编著,金盾出版社,
1993

10.《实用葡萄栽培技术》,[日]吉田贤儿著,王化忠等译,
辽宁科学技术出版社,1986

11.《巨峰葡萄栽培》,[日]柴寿著,王化忠译,中国林业出
版社,1987

金盾版图书，科学实用，
通俗易懂，物美价廉，欢迎选购

以上图书由全国各地新华书店经销。凡向本社邮购图书或音像制品,可通过邮局汇款,在汇单"附言"栏填写所购书目,邮购图书均可享受9折优惠。购书30元(按打折后实款计算)以上的免收邮挂费,购书不足30元的按邮局资费标准收取3元挂号费,邮寄费由我社承担。邮购地址:北京市丰台区晓月中路29号,邮政编码:100072,联系人:金友,电话:(010)83210681、83210682、83219215、83219217(传真)。